本书作者在波尔多一级酒堡木桐——豪特什尔庄园与主人一同品尝该酒堡最新出窖的头牌葡萄酒

本书作者在波尔多头苑酒庄——拉图庄园留影

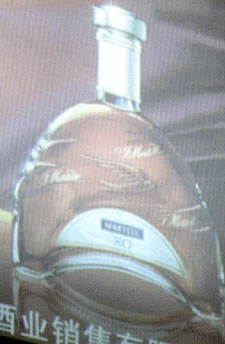

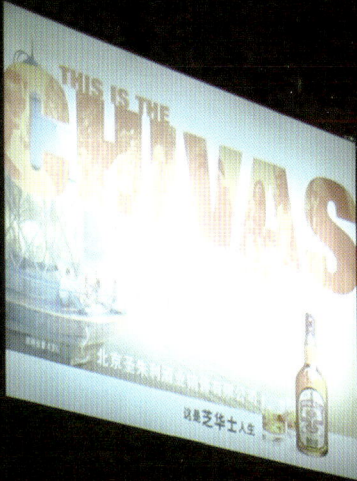
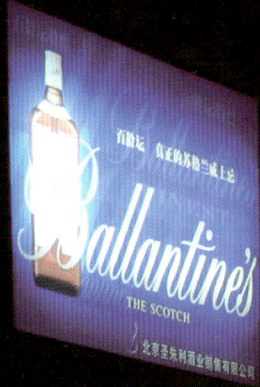

圣朱利酒库的夜景

本书作者与法国著名酿酒师米歇尔·马伦戈一起品尝红酒

　　朱海宁先生与法国红酒早已结下不解之缘，本书的面世将为红酒文化在中国的传播开创新的篇章。我希望本书能为中国红酒爱好者所喜爱。

品鉴红酒

朱海宁　著

中国文联出版社

图书在版编目（CIP）数据

品鉴红酒 / 朱海宁著. –北京：中国文联出版社，2007.4

ISBN987-7-5059-5535-6

Ⅰ.品… Ⅱ.朱… Ⅲ.葡萄酒–品鉴 Ⅳ.TS262.6

中国版本图书馆 CIP 数据核字（2007）第 027768 号

书　　名	品鉴红酒	
作　　者	朱海宁	
出　　版	中国文联出版社	
发　　行	中国文联出版社　发行部(010–65389152)	
地　　址	北京农展馆南里 10 号（100026）	
经　　销	全国新华书店	
责任编辑	刘　旭	
责任校对	侯　林	
责任印制	李寒江　刘　旭	
印　　刷	北京市通县蓝华印刷厂	
开　　本	787×1092　1/16	
印　　张	14.75	
插　　页	4 页	
版　　次	2007 年 4 月第 1 版第 1 次印刷	
书　　号	ISBN978-7-5059-5535-6	
定　　价	28.00 元	

您若想详细了解我社的出版物
请登陆我们出版社的网站 http://www.cfacp.com

序

在中国经济持续高速增长的同时，酒类的消费格局也在悄然发生变化：盛传千年的白酒在被啤酒逐步替代的同时，啤酒的市场威力又在悄然之间受到了葡萄酒的威胁。从全球范围来看也是如此：葡萄酒的消费已呈逐年增长之势。葡萄酒——尤其是红酒已然成为了消费者的新宠。

酒文化是中华文化的重要组成部分，其文化源远流长、博大精深。它醇香浓烈，别具一格，令人陶醉。但细品中华的酒文化，因红酒文化的缺失，我们会不会有所遗憾？

如今的中国，虽然有贵族化的红酒、贵族化的红酒消费，却没有真正的红酒文化。绝大多数人不懂得品味红酒，国内系统介绍红酒知识的书籍并不多见——即使有，也只是断章片语。

于是，作为红酒文化的忠实追求者——我有了写一本书来系统介绍红酒知识的想法。红酒不仅是一种商品，它更是一种文化、一种艺术。北京圣朱利酒业销售有限公司作为红酒行业的先行者，有做红酒文化的理想和追求。

红酒营销的最好境界就是知识营销。在北京圣朱利酒库连锁营销模式建立的同时，传播红酒知识，提升消费者的红酒品鉴能力，也成了其营销环节中的重中之重。

本书将详细地为消费者介绍红酒的入门知识、红酒的实用技巧、红酒的抗病功效、红酒与美食的搭配，以及红酒的地理分布和发展趋势。

作者希望本书能从红酒品鉴的角度，对消费者有所帮助，可以在红酒行业中起到抛砖引玉的作用。由于时间仓促，书中若有不妥之处，敬请读者赐教！

本书付梓之际，感谢为本书付出过辛勤劳动的摄影师骆路、田苗以及刘兰新、李国立、陈卫东等同行的帮助。

最后，还要特别感谢中国酿酒协会常任理事姜文巨先生，正是他在担任北京葡萄酒厂厂长期间对我的悉心培养和教育，将我领进了葡萄酒的天堂，使我与葡萄酒结下了不解之缘。

朱海宁

2006 年 9 月于北京

目 录

红酒入门篇

葡萄酒的历史/3
葡萄酒的起源/3
葡萄酒的命名/5
葡萄酒的分类/7

红酒的文化/9
红酒原料/9
红酒等级/16
红酒品牌/19

红酒酒具/21
红酒酒瓶/21
酒杯巡礼/23
软木塞/25

红酒的酿造/28
红酒的酿造过程/28
红酒的酿造方法/31
红酒的培养——橡木桶/33

红酒的储存/37
储存条件/37
酒窖储藏/40
冰冻储存/42
电子酒柜/42
处理未喝完的酒/43

目　录

红酒实用篇

红酒配套知识/47
酒标导读/47

红酒年份/50

红酒价格/52

红酒品饮准备/55
品尝环境/55

开瓶/56

换瓶/58

斟酒/61

红酒品饮方法/63
品酒的方法/63

品酒的基本步骤/64

品饮的注意事项/67

每月饮酒指南/68

红酒质量分析/72
颜色/72

香气/74

口味/77

红酒的选用/80
如何点酒/80

红酒选购/82

红酒市场/86

目 录

红酒健康篇

红酒在人体内的作用/91

红酒的营养价值/92

红酒的保健作用/95

红酒能美容/95

红酒能减肥/98

红酒能抗癌/100

红酒能延寿/101

红酒能防止动脉硬化/102

红酒能预防心脏病/103

红酒能预防心血管病/104

红酒能预防血栓病/104

红酒的辅助治疗作用/106

红酒能防眼病/106

红酒能预防感冒/107

红酒能抗乳腺癌/109

红酒有助于受孕/110

红酒能预防牙周病/111

红酒能预防老年痴呆/111

红酒能降低中风大脑的损伤程度/112

科学饮用红酒/114

目　录

红酒美食篇

红酒与菜肴的搭配/119

餐酒搭配要领/119

餐酒搭配忌讳/122

餐酒搭配的味觉原理/124

佐餐红酒的理想搭配/126

红酒与中餐的搭配/129

粤菜配红酒/129

川菜配红酒/130

鲁菜配红酒/132

湘菜配红酒/133

江苏菜配红酒/135

浙江菜配红酒/136

安徽菜配红酒 136

闽菜配红酒/137

红酒与西餐的搭配/138

用餐前后红酒的搭配/138

法国菜与红酒的搭配/139

意大利菜与红酒的搭配/141

西班牙菜与红酒的搭配/143

品酒餐桌礼仪/145

目　录

红酒时尚篇

红酒是品位和时尚的象征/149

红酒的时尚新喝法/151

红酒时尚人物/154

红酒世界最耀眼的明星：杰西丝·罗宾逊/154

红酒世界风云人物：休·约翰逊/156

中国女品酒师的精彩人生/158

香港酒神黄雅历/160

知名演员与红酒/162

目 录

红酒地理篇

法国红酒/167

意大利红酒/174

西班牙红酒/177

希腊红酒/180

美国红酒/182

阿根廷红酒/185

智利红酒/188

奥地利红酒/192

澳大利亚红酒/195

新西兰红酒/198

南非红酒/201

中国红酒/204

附录

附录1　北京圣朱利酒业销售有限公司/209

附录2　红酒词汇英汉对照/212

红酒入门篇

虽然喜欢葡萄酒的人越来越多，但是葡萄酒到底是什么？什么样的酒才能称为葡萄酒？红酒又是怎么回事？它们都是如何酿成的？关于葡萄酒的基本知识，本书将会详细介绍。

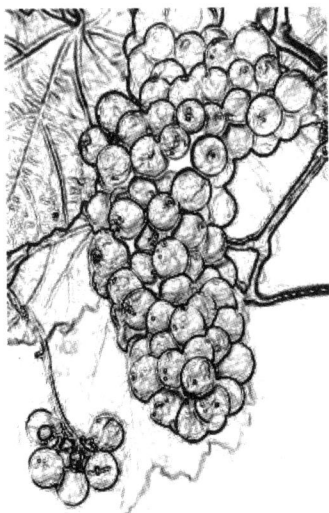

葡萄酒的历史

唐代有关于葡萄酒的诗，最著名的莫过于王翰的《凉州词》。诗中写道：

葡萄美酒夜光杯，欲饮琵琶马上催。

醉卧沙场君莫笑，古来征战几人回？

诗中的酒，指的是葡萄美酒；杯，则是指"夜光杯"。而这样的场面，这里的"醉卧"，在塞外那样一个艰苦荒凉的条件下，又是何等的难得！

如今，饮用葡萄酒已成为一种时尚。越来越多的人开始接触葡萄酒，喜欢葡萄酒。为了使大家对葡萄酒能有一个基本的了解，本书将对葡萄酒的有关知识进行详细的分析介绍。

葡萄酒的起源

葡萄酒是从种植葡萄开始，经过葡萄的发芽、抽叶、开花、结果等生长过程，然后待葡萄成熟的时候采集下来，并迅速将其压榨成汁，再经过发酵等一系列过程加工而成的。

根据国际葡萄与葡萄酒组织（OIV，1996）的规定，以及标准丛书《饮料酒分类》中采用的定义，葡萄酒是由破碎或未破碎的新鲜葡萄果实或葡萄汁经完全或部分酒精发酵后获得的饮料。其酒精度不能低于7%。

1971年一份欧洲共同体的官方文件对葡萄酒下了这样的定义：葡萄酒是把压榨葡萄果粒所得的葡萄

浆或葡萄汁，经充分或部分的发酵过后，所得的一种含酒精的产品。

巴斯德是这样描述葡萄酒的："葡萄酒是一种有生命的躯体，它具有最为丰富、平衡的精神，飘逸而沉着，连接着天地。与所有其他植物相比，葡萄更好地与大地的灵性结合在一起，而使葡萄酒具有恰当的分量。葡萄终年随着太阳的运行而辛勤劳作，葡萄酒也永远不会忘记在酒窖的深处重复太阳的运行。正是由于葡萄酒重复着大自然的季节变化，才产生了最为惊人的艺术——葡萄酒的陈酿艺术。从本质上讲，葡萄从月亮、太阳、星星那里获得了一点点硫，而使自己能独立点燃并延续所有的生命之火。因此，真正的葡萄酒凝聚着天地之精华。"

葡萄酒很早以前就已经存在，其历史几乎与人类的文明一样长久，其文化内涵也像艺术品一样引人入胜。它丰富多彩的品种更是其他酒类产品都无法比拟的。

关于葡萄酒的起源，众说纷纭，各执一词；有人说起源于古埃及，有人说起源于古希腊，还有人说起源于希腊的克里特岛。

要研究葡萄酒的起源，首先就是要确定葡萄酒的原料——葡萄的起源。据史料记载，葡萄的栽培和酿造技术，是随着旅行者和新的疆土征服者，从小亚细亚和埃及，在到达希腊及其诸海岛之前，先流传到希腊的克里特岛，再经意大利的西西里岛、北非的利比亚和意大利，从海上到达法国濒临地中海东南的瓦尔省境内靠海的普罗旺斯地区和西班牙沿海地区。与此同时，还通过陆路，由欧洲的多瑙河河谷进入了中欧诸国。

在我国，有学者认为在3000多年前的商代就已经有葡萄酒了。相关资料表明，1980 年在河南省发掘的一个商代后期的古墓中，人们发现了一个密闭的铜卣。经北京大学化学系的教授分析后，确认该铜卣中的酒为葡萄酒。至于当时酿酒所采用的葡萄，究竟是人工栽培的，抑或是野生的，教授们并未提及。

此外，还有考古资料表明，在商代中期的一个酿酒作坊遗址中，有一个陶瓷中尚残留着桃、李、枣等果物的果实和种仁。由此可见，在很多年前，聪明的中国人就已经会用各种果物来搭配美酒了。

葡萄酒的命名

对于葡萄酒的命名，有采用酿酒地区命名的，也有以葡萄名称或者酒厂名来命名的。下面主要介绍四种命名方法。

一、区域命名法

以区域命名的葡萄酒常常有质量的保证。欧洲古老的产酒区大多都是以这种方式来为葡萄酒命名的。如：法国波尔多区及其辖内著名的产区梅多克、圣特美伦、苏玳、格拉芙地区，意大利的巴罗洛、巴巴瑞斯可、阿斯提、香堤，德国的彼斯波特、圣约翰、莱茵以及西班牙的利奥哈等。

此外，美国和澳大利亚等新兴国家也经常采用法国和德国的著名葡萄酒产区来代替自己的产品名称。当然，这些酒并不是产自法国或德国的著名产区，而只是模仿了这些产区的葡萄品种和种植方法。通常，我们把这些酒统称为"著名产区质量相同的同级酒"。

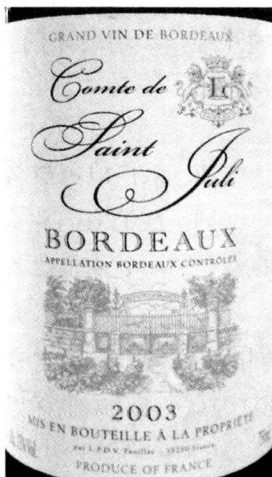

二、品种命名法

品种命名法是指以优秀的葡萄品种的名称对葡萄酒进行命名。该方法有利于突出和区别葡萄酒的风味和特色，而且以葡萄品种做酒名，也较容易辨别。

当某种葡萄酒的酿制地区不是很出名，但采用的葡萄品种很出名时，葡萄酒便会以该葡萄的品种名称来命名。

各国对使用葡萄品种命名的葡萄酒都有严格的规定。如美国规定，以葡萄品种命名的葡萄酒必须含有 75%以上的该葡萄品种。而法国规定葡萄品种的含有量必须是 100%。

采用该命名方法的大多是一些新兴的产酒区。如澳洲、加州、美洲等地的白富美、卡百内·索维农、黑比诺等葡萄酒就是用葡萄品种来命名的。当然，欧洲产酒区也有用葡萄品种命名的葡萄酒，如法国阿尔萨斯的雷司令。

三、商标命名法

商标命名法，也叫专属品牌命名法。即酒商以其商誉及历史，为迎合顾客的口味而自创的一些著名的或流行的葡萄酒商标。

该方法通常是在葡萄酒的酿制地区不出名，采用的葡萄品种又比较复杂时被酿造商采用。这种葡萄酒一旦推销成功，即会受到世界各地人士的欢迎。如葡萄牙的蜜桃红、法国的碧加露和派特嘉等。

四、酒厂或酒商名称命名法

酒厂或酒商名称命名法是指一些著名的厂商，将自己的厂名或企业名称等作为葡萄酒的名称。

使用该方法时，必须满足以下条件：酒厂的历史悠久，酿酒经验丰富，酒的质量稳定且在消费者心中有良好的信誉等等。

使用该方法不仅可以扩大企业的知名度，而且能使消费者更加了解企业的优质产品。如美国的保美神酒、法国的大宝酒庄和保乐利加等。

除此之外，还有以城堡来命名的葡萄酒。这种酒往往是最高档的葡萄酒，如法国的拉图酒、奥比昂酒。

五、其他命名方法

除以上命名法外，有的企业还喜欢用采摘葡萄的年份为葡萄酒命名，如1992、1990 等。也有的企业喜欢用颜色来为葡萄酒命名，如 Rose、Claret 等。命名的方法可以说是五花八门，应有尽有。

葡萄酒的分类

葡萄酒的种类丰富多样。酿造原料、颜色和状态等都可以作为葡萄酒的分类标准。常见的分类方法有以下五种。

一、按原料的不同分类
★**山葡萄酒，也叫野葡萄酒**。它是以野生葡萄为原料酿造而成的葡萄酒。

★**家葡萄酒**。它是以人工培植的酿酒品种葡萄为原料酿造而成的葡萄酒。国内葡萄酒生产厂家大都以生产家葡萄酒为主。

二、按葡萄酒的含汁量分类
★**全汁葡萄酒**。即葡萄酒中的葡萄原汁含量为100%，其中没有额外添加糖、酒精与其他成分。如干型葡萄酒。

★**半汁葡萄酒**。即葡萄酒中的葡萄原汁含量为50%，另外的50%中，可以加入糖、酒精、水等其他辅料。

三、按葡萄酒的颜色分类
★**白葡萄酒**。用白葡萄或浅色果皮的酿酒葡萄经过皮汁分离，取其果汁进行发酵酿制而成的葡萄酒。该酒近似无色，或者浅黄带绿，或呈浅黄，抑或为金黄色。如果颜色过深，则不符合白葡萄酒的色泽要求。

★**红葡萄酒**。选用皮红肉白或皮肉皆红的酿酒葡萄酿制而成的葡萄酒。该酒的色泽通常呈天然红宝石色、紫红色或石榴红色。失去自然感的红色，则不符合红葡萄酒的色泽要求。

★**桃红葡萄酒**。此酒介于红、白葡萄酒之间。它是选用皮红肉白的酿酒葡萄，使其皮汁经过短时间的混合发酵，当色泽达到要求后，再分离皮渣继续发酵，最后陈酿而成的。该酒的色泽多呈桃红色、玫瑰红或淡红色。

四、按葡萄酒中的含糖量分类

★**干葡萄酒**。该类型的酒通常是指每升葡萄酒中总的含糖量低于 4 克，酒中的糖分几乎被全部发酵完。该酒在饮用时，通常品不出甜味，且酸味较明显。如干白葡萄酒、干红葡萄酒及干桃红葡萄酒。

★**半干葡萄酒**。该类型的酒通常是指每升葡萄酒中总含糖量在 4~12 克之间。该酒在饮用时有微甜感。如半干白葡萄酒、半干红葡萄酒和半干桃红葡萄酒。

★**半甜葡萄酒**。该类型的酒通常是指每升葡萄酒中总含糖量在 12~50 克之间。该酒在饮用时，会给人一种甘甜、爽顺的感觉。

★**甜葡萄酒**。该类型的酒通常是指每升葡萄酒中总含糖量在 50 克以上。该酒在饮用时，口感甘醇浓郁，有明显的甜醉感。

五、按酿造方式分类

★**静态葡萄酒，又称不起泡葡萄酒**。人们常说的 Table Wine 就属于这种类型。它是将分解所产生的二氧化碳挥发后的葡萄酒，即不含二氧化碳的葡萄酒，其酒精浓度在 9~17 度之间。静态葡萄酒分为红酒、白酒和玫瑰红酒三种。

★**香槟气泡酒**。它分为香槟酒和气泡葡萄酒两种。香槟酒是指出产于法国香槟地的气泡酒。气泡葡萄酒则是指在香槟地以外的产区，经传统方式酿造而成的葡萄酒。由于气泡葡萄酒需要经过二次发酵。因此，开瓶后会有剧烈的起泡现象（通常会有一些残存的二氧化碳）。

★**加烈葡萄酒，又称强化性酒精**。它是指在压榨的葡萄汁中加入酵母，待其发酵时再添加白兰地使其停止发酵。通常，该类型的酒比一般的葡萄酒含有更高的酒精及甜度，如雪莉酒（Sherry）和波特酒。

★**加味葡萄酒，又称混合型葡萄酒**。它主要是指在葡萄酒加入药草、香料、色素等配合酿制而成，如苦艾酒。

除此之外，还可以将葡萄酒按照酒体进行分类。酒体是品饮者对酒的整体感觉。即葡萄酒的重量在口中的感觉。这里的"感觉"，是指一盎司任何葡萄酒和一盎司其他葡萄酒在口中所占的空间和重量是相同的。然而，一些葡萄酒看起来却比其他葡萄酒更丰满、更大，或者更重。因此，根据葡萄酒在口中的不同感觉，可将其分为酒体清淡、酒体适中、酒体丰满等类型。

红酒的文化

红葡萄酒，俗称红酒。它是将葡萄皮连同葡萄汁一起浸泡发酵酿制而成的。酿成的酒中含有极高的单宁和色素。它所使用的酿酒品种为红葡萄。

红酒作为一种饮料，已经深入消费者的心中。然而，作为一种文化，它还有很多不为消费者熟悉的内容。

红酒的文化主要包括原料的采集，红酒的加工、储存、品评、挑选等内容。此处主要为消费者介绍红酒原料、红酒等级和红酒品牌。

红酒原料

红酒原料是红酒元素的组成部分之一。在介绍红酒原料之前，首先需要对构成红酒的元素做一个简要的介绍。红酒大体包括四种元素。

★ **糖分**：主要是指葡萄糖。其作用是温和酒性、柔和酒体。葡萄糖是还原性物质，在陈化的过程中，它可以被氧化成酸，以提高酒的烈性。

★ **酸度**：主要是指酒石酸。它是通过糖的氧化而得来的。其作用主要是提高酒的烈性、厚重酒感。

★ **单宁**：一种具有特殊涩口感的化合物。其作用主要是使红酒更爽口、更强劲。单宁是一种阳性成分，主要来自葡萄皮和葡萄梗中，也有的是来源于新制橡木桶酿酒时进入酒中的木单宁。它是红酒特征的体现，同时，也是红酒最重要的元素。

★ **葡萄元素** (红酒原料)：这是一种体现色泽和果香的混合体。其作用主要是柔和酒感、增加美感。

红酒的主要原料是葡萄。葡萄中含有糖、酸及带香味的物质，经过一定的化学变化后，它们会变成酒。

红酒的质量与葡萄的品种有着密切的关系。有这样一种说法：葡萄皮薄者味美，皮厚者味苦。目前，国内外公认酿造红葡萄酒最好的葡萄包括以下品种：

外文名	中文名	原产国
Barbera	巴伯拉	意大利
Cabernet Franc	品丽珠/卡百内·弗兰克	法国
Cabernet Sauvignon	赤霞珠/卡百内·索维农	法国
Canaiaolo	卡娜伊奥罗	意大利
Carignane	佳利酿	西班牙
Gamay	佳美	法国
Grenache	格伦纳什	西班牙
Malbec	玛尔贝克	法国
Merlot	梅乐	法国波尔多
Mourvedre	慕尔韦度	不详
Nebbiolo	奈比奥罗	意大利
Petit Verdot	比特福多	不详
Pinot Noir	黑比诺/黑品乐	法国
Sangiovese	桑乔威斯	意大利
Syrah	席拉	法国北罗纳
Tempranillo	坦普拉尼罗	西班牙
Zinfandel	津芳德尔	克罗地亚

一、巴伯拉 (Barbera)

巴伯拉来源于意大利，名列该国第二大栽培品种。皮得蒙地区红酒总产量的一半就是用巴伯拉酿造的。

优质巴伯拉葡萄酒的风格非常多样。从总体上说，该葡萄酒呈深沉的宝石红色，体量饱满，单宁含量低，酸含量高。

在意大利，除了单品种酒，巴伯拉还用于给奈比奥罗葡萄酒调色，或与来自意大利南方的其他葡萄酒勾兑，从而改善其产量过大时相对单薄的体量和过高的酸度。

近年来，通过限制葡萄树的产量和增加在橡木桶中的陈酿，意大利巴伯拉的总体品质得到了提高。它不仅能生产年轻活跃的新酒，而且可以酿造出浓郁而充满力量型的葡萄酒。

除意大利外，阿根廷种植的巴伯拉最多。美洲出产的巴伯拉主要用于勾兑葡萄酒，以补充其他品种中所缺乏的酸度。

二、品丽珠 (Cabernet Franc)

品丽珠原产法国，是世界上著名的，也是古老的酿红酒良种之一。世界各地均有栽培。

品丽珠是赤霞珠和蛇龙珠的姊妹品种。然而，它在酒质上不如赤霞珠，在适应性上不如蛇龙珠。因此，品丽珠在推广上受到了一定的限制。

在温暖地区，品丽珠能酿造出令人满意的酒。这种酒的水果香气及柔和新鲜的风格非常诱人。它不必像赤霞珠酒那样，需要在橡木桶内长时间陈酿。如果在一瓶欧洲红酒的标签上单标解百纳，那么，大多数情况下指的就是品丽珠；如果是用赤霞珠酿的酒，则标签上通常会标明全称。

我国最早是在1892年将品丽珠由西欧引入山东烟台的。目前，我国的主要葡萄产区均栽培了品丽珠。近年来，新引入的品丽珠营养系在栽培性状方面有了很大的提高，值得引起重视。

三、赤霞珠 (Cabernet Sauvignon)

赤霞珠，别名卡百内·索维农，原产法国，是有君王之尊的红葡萄品种。它不仅是法国传统波尔多红葡萄酒的主要酿造品种，而且在许多新兴葡萄产区也有栽植。

该品种酿出来的酒稳定澄清，富含单宁酸，酒体适中或丰满。单独使用时，常给酒中带来一股轻柔的"生青"味和清新的芳香气息，酒的"骨架"感很清晰。经过陈酿后，该品种酒更加柔和细致，香气也更浓郁悠长。

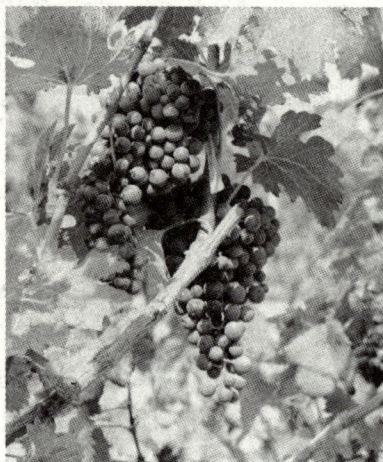

四、蛇龙珠　(Cabemet Gemischet)

蛇龙珠原产法国。它是法国的古老品种之一，也是酿制红葡萄酒的世界名种。由蛇龙珠酿成的红酒，通常呈宝石红色，澄清发亮，柔和爽口，具有解百纳酒的典型性，酒质上等。

1892 年，该品种引入中国。适合在我国的山东、东北南部、华北、西北地区栽培。目前，蛇龙珠主要在山东的烟台地区有较多栽培。

五、佳利酿　(Carignane)

佳利酿别名佳里酿、法国红、康百耐、佳酿，原产西班牙。该品种是世界古老的酿红酒的品种之一，世界各地均有栽培。

该品种酿出来的酒通常呈宝石红色，味正，香气好，宜与其他品种调配。去皮后，可酿成白或桃红葡萄酒。

我国最早是在 1892 年将佳利酿由西欧引入山东烟台的。由于该品种具有易栽培、丰产等优点，因此，它颇受栽培者的欢迎，在生产上有一定的面积。目前，山东、河北、河南等产区均有较大面积的栽培。

六、神索　(Cinsaut)

神索来源于法国。数个世纪以前，它便和法国南部朗格多克地区的葡萄酒行业一起成长。目前，神索的栽培已经跨越了普罗旺斯和迷笛地区，在意大利、摩洛哥、塔尼西亚　(Tunisia)　和中东等都有较多的栽培。在东欧、澳大利亚和南非也有了一定规模的分布。

神索的果实比其他红葡萄酒品种要大得多。有时，它还会被当作鲜食葡萄。其果皮/果汁比低，因此，葡萄酒的色泽有时会显得浅淡，可以用来生产桃红葡萄酒。

神索主要用于与格伦纳什、佳利酿等葡萄酒勾兑，有时也用于生产单品种红葡萄酒。神索葡萄酒具有柔软、成熟的浆果气息。它在年轻时，偶尔会呈现出一种湿毛味。但是，这种味道会随着通气而迅速消失。

七、格伦纳什 (Grenache)

格伦纳什来源于西班牙东北部的阿拉贡地区。它是西班牙栽培最多的红葡萄品种。同时，也是世界上栽培面积第二大的红葡萄品种。

格伦纳什在炎热、多风、干燥的条件下能够生产出优质的葡萄酒。其色泽与其他红葡萄酒品种相比要浅。在产量较高的条件下，这种表现更加明显。

格伦纳什酿出的葡萄酒成熟迅速。如果产量控制得好，还能够酿造出浓郁的红酒，甚至可以陈酿几十年。

除了酿造单品种的红葡萄酒和桃红葡萄酒外，格伦纳什更多地被用于与佳丽酿、神索、席拉等勾兑。在澳大利亚，一直到70年代末，格伦纳什都是栽种面积最大的红葡萄品种。一直到后来，才被席拉和赤霞珠超越。

八、梅乐 (Merlot)

梅乐原产法国，在法国一些葡萄园中的栽植比例相当高。它能赋予葡萄酒轻柔感、精纯感和透人肺腑的香气。它的典型香气和圆润口感，使酒有一种温文尔雅的风格。从整体上说，非常吸引人。

目前，世界各地正在尝试种植该品种。在法国南部，梅乐的种植已经取得了成功。而且人们还掌握了防止霜霉病和白腐病的方法。这对梅乐的传播有一定的现实意义。

品鉴红酒

九、玛尔贝克 (Malbec)

玛尔贝克起源于法国，是波尔多地区允许进行红葡萄酒勾兑的五个品种之一。它所酿出的葡萄酒柔和、特征饱满、色泽美丽、果香浓郁、酒体平衡，而且含有相当数量的单宁，适合勾兑解百纳葡萄酒。

由于该品种容易染病，抗霜冻能力不强，以及坐果差，因此近年来有些失宠。目前，该品种主要在阿根廷被大量种植，并生产一些品质非常优异的单品种酒。此外，在智利和澳大利亚也有较多的种植。

十、奈比奥罗 (Nebbiolo)

奈比奥罗起源于意大利，是意大利葡萄酒行业隐藏最深的秘密。它只在意大利西北部的皮得蒙地区栽培，直到十几年前才流传到世界的其他地方。

奈比奥罗能够生产出最令人恒久不忘，品质保持年限最长的佳酿。优秀的奈比奥罗葡萄酒风味饱满、香气复杂，能够与较高的酸度和单宁含量相平衡。

十一、黑比诺 (Pinot Noir)

黑比诺原产法国。该品种适宜在温凉气候和排水良好的山地栽培。种植时，应选用健康苗木，采用篱架栽培，中、长梢修剪。

黑比诺的栽培历史悠久，最早的栽培记载为公元1世纪。当时，将黑比诺称为 Pinor Vermei。除原产地外，它也种植于德国和意大利的北部。我国也于20世纪80年代引入黑比诺。目前，它主要分布在我国的甘肃、山东、新疆、云南等地区。

黑比诺葡萄的颜色常呈粉红或淡红。由它生产出的葡萄酒，酒精的浓度较高，所含粹取物质也高，且酸味偏低，有时还具有香料味。

十二、桑乔威斯　(Sangiovese)

桑乔威斯原产意大利，是意大利栽培最多的红葡萄品种，是典型的意大利之子。关于它的记载，最早可以追溯到 16 世纪。

桑乔威斯是一些意大利最知名葡萄酒的原料，也是基安帝葡萄酒 Chianti 的主要原料。它的香料味中带有肉桂、黑胡椒、炖李子和黑樱桃的气息，及新鲜饱满的泥土芬芳。较新的酒有时还展现一丝花的香气。该品种单系的选择非常重要，否则，生产出的葡萄酒只能达到一般的品质。

桑乔威斯一旦远离故土，经常会出现水土不服的情况。因此，除意大利外，它在别的地区种植非常少。

十三、席拉　(Syrah)

席拉原产法国，是一种伟大的葡萄品种，当地用于酿造 AOC 红酒。该品种在世界上许多新产区都有栽植。

席拉喜好温和而稳定的气候。在法国北部的 Cotes du Rhone Crus，席拉是唯一使用的红酒品种。根据年份和产地的不同，席拉一般在 6 月 5—15 日之间开花，在 9 月 15—10 月 10 日之间成熟。

席拉通常赋予红酒独特诱人的香气、复杂且有筋骨的口感，使酒虽不浓郁却很丰满。

十四、津芳德尔　(Zinfandel)

有资料显示，津芳德尔是 19 世纪由意大利传入加州的。目前，它是加州种植面积最大的品种。

津芳德尔主要用于生产一般餐酒和半甜型白酒或气泡酒。它能赋予葡萄酒美好的颜色和欧洲黑莓果的味道和气味。由它酿出来的酒通常酒体厚重，味道极为丰富。

令人感兴趣的是，该葡萄品种只有在美国加州才能发挥得淋漓尽致。这主要是因为津芳德尔对气候和产地非常敏感。干溪谷、亚历山大谷、加西维、亚玛多、丝雅拉小山和帕索罗布是其最佳的产区。

红酒等级

红酒的等级划分不仅要考虑到红酒的葡萄品种、产区、年份，还要考虑到土壤、气候，栽培技术、酿造技术，储藏设备和陈酿时间等。其中囊括了红酒从诞生到面世的所有环节。

一、法国的红酒等级

法国红酒的分级制度，可以说是目前全世界最完善的葡萄酒分级制度。它的相关法律规范及管制都非常周全。法国红酒主要分为四级。

第一级 法定产区葡萄酒

该级别简称 AOC，是法国葡萄酒的最高级别，为国家名酒。该级别必须符合法国葡萄酒的有关规定和条件。

★ AOC 在法文中的意思是"原产地控制命名"。其中，原产地的葡萄品种、种植数量、酿造过程、酒精含量等都要得到专家的认证。

★ AOC 只能用原产地种植的葡萄酿制，而不可以和别的葡萄汁勾兑。

★ AOC 产量大约占法国葡萄酒总产量的 35%。

★ 该级别酒的酒瓶标签标示为：Appellation+产区名+Controlee。

第二级 优良地区葡萄酒

该级别简称 VDQS，介于法定产区葡萄酒和地区葡萄酒之间，仅次于AOC。

★ 该级别是普通地区餐酒向 AOC 级别酒过渡时，所必须经历的级别。如果在 VDQS 时期，葡萄酒的酒质表现良好，则可以升级为 AOC。

★ 优良地区葡萄酒的产量只占法国葡萄酒总产量的 2%。

★ 该级别酒的酒瓶标签标示为：Appellation+产区名+Qualite Superieure。

第三级 地区餐酒

该等级较 VDQS 低。它在品种、产地等方面都有一定的规定，标贴上必须注明酒的产地。该级别酒的价格不贵，适合日常消费。

★ 法国绝大部分的地区餐酒都产自南部地中海沿岸。

★ 日常餐酒中最好的酒将被升级为地区餐酒。

★ 地区餐酒可以用标明产区内的葡萄汁勾兑，但仅限于该产区内的葡萄。

★ 地区餐酒的产量约占法国葡萄酒总产量的15%。

★ 地区餐酒酒瓶的标签标示为：Vin De Pays+产区名。

第四级 日常餐酒

该级别简称 Vin De Table，是一种普通的葡萄酒。它没有严格的质量规定，通常由不同地区生产的酒调兑而成，其质量依赖于酒商的知名度。

★ 日常餐酒是最低档的葡萄酒，供日常饮用。

★ 日常餐酒可以由不同地区 (主要指欧共体包括的国家) 的葡萄汁勾兑而成。如果葡萄汁限于法国各产区，则称为法国日常餐酒。

★ 日常餐酒的产量约占法国葡萄酒总产量的38%。

★ 该级别酒的酒瓶标签标示为：Vin De Table。

二、德国的红酒等级

根据质量的不同，可将德国葡萄酒分为四个级别：优质高级葡萄酒、法定区域优质葡萄酒、地区餐酒和德国佐餐葡萄酒。

第一级 优质高级葡萄酒

该级别简称 QMP，在德国葡萄酒中处于最高级别，占德国葡萄酒产量的30%以上。该级别的酒优雅高贵，适合储存。此外，该酒不能添加额外的糖分。

根据葡萄的成熟程度和相应的质量，该级别的酒又可以分为六个等级。即头等酒、迟采级高级葡萄酒、精选高级葡萄酒、浆果精选高级葡萄酒、冰果精制高级葡萄酒和干浆果精选高级葡萄酒。

通常，德国生产的优质高级葡萄酒必须经过官方的质量检查。因此，在其酒瓶的标贴上往往都带有检验号码。

第二级 法定区域优质葡萄酒

该级别简称 QBA，是德国葡萄酒中最大的一类。在德国，只有13个官方确认的产区可以生产该级别的酒。此类酒必须100%来自德国指定的13个产区。

此外，该级别的酒在发酵之前加入的糖分也是以法律形式规定的。加入糖分后允许另外产生 20~80 克的酒精。

每一款法定区域优质酒，都会因为葡萄品种、种植区和天然酒精含量的下限不同而不同。

第三级 地区餐酒

该级别酒是日常餐酒中高一级别的酒。由于它是以地区作为酒名的。因此，在地区餐酒的酒标上，必须标明葡萄的产地。

地区餐酒一般为干或半干葡萄酒。它最小的天然酒精含量在各产区至少比一般日常餐酒每升高出 0.5 个百分点。在德国，只有 17 个官方确认的产区可以生产这种酒。

第四级 德国佐餐葡萄酒

该级别的酒是日常饮用得最多的酒。只有官方确认的 4 个德国葡萄酒产区才可以生产这种酒。因此，相比于其他葡萄种植国，德国日常餐酒的产量很小。

要注意的是，该级别的酒不能与其他国家的佐餐酒掺兑。

三、意大利的红酒等级

根据品质的不同，可以将意大利葡萄酒分为四个等级。

第一级 保证法定地区酒

该级别简称为 DOCG，是意大利葡萄酒的最高等级。同时，它也是意大利政府控制得最严格的葡萄酒等级。该级别酒的生产过程必须接受政府的检查控制。

目前，意大利只有 4 种酒被列入 DOCG 的等级。

第二级 法定地区酒

该级别简称为 DOC。该酒除采用法定地区中的葡萄作为原料外，还规定了所用的葡萄品种和种植方法等。此类酒的质量也必须通过官方的检验。

目前，意大利仅有 250 种葡萄酒符合 DOC 的等级标准。

第三级 法定地区中的一般葡萄酒

该级别简称为 DOS 或 DS，是法定地区中的一般葡萄酒。该级别的酒是采用典型的葡萄品种和常规的酿造方法酿制而成的。

第四级 日常佐餐酒

该级别简称为 VDT，是一种普通的佐餐酒。它不受政府酒法和质量规定的限制。在意大利，任何酒厂都可以生产该级别的酒。

红酒品牌

根据出产国的不同，可以将红酒分为旧世界酒和新世界酒两大类。旧世界是指以法国为代表的老牌欧洲葡萄酒发源地。新世界则是指二战后崛起的澳大利亚、美国、智利和阿根廷等新兴国家。我国也属于新世界酒范畴。

伴随着人们对红酒的喜爱，市场上的红酒品牌越来越多，一些杂乱的牌子也混入其中，令消费者眼花缭乱。此处将为读者介绍几种新旧世界的顶级红葡萄酒。至于其他名酒将在红酒地理篇中再进行详细的介绍。

一、薄酒莱

薄酒莱酒产于法国布根地最南端的薄酒莱产酒区。它是使用当年的佳美葡萄酿造出来的葡萄酒，以酒质新鲜而闻名。

薄酒莱酒是所有葡萄酒中唯一一种可以在当年消费的红葡萄酒。根据法国政府的规定，在当年 11 月第三周的星期四，薄酒莱新酒就可以开始上市销售。

薄酒莱酒的酿造工艺独特。首先，酿酒师会将整串葡萄放进密封罐中，注满二氧化碳，然后利用葡萄皮上的天然酵母使葡萄本身进行小规模的酒精发酵，之后再将葡萄破碎，继续进行酒精的发酵。

注入密封罐的二氧化碳能使发酵过程中的酒不被氧化，使酿出来的葡萄酒十分新鲜，有浓郁的葡萄果香及美丽的浅紫红色泽，或呈宝石红色。该酒口感清爽，入口柔顺，常带有西洋梨、香蕉及泡泡糖的香味。与一般的红葡萄酒相比，薄酒莱属于清淡型酒，在适度冰镇后饮用，将更加可口。

根据品质等级的不同，薄酒莱红酒可以分为三种：一般薄酒莱酒、乡村薄酒莱酒以及薄酒莱新酒。

二、梅多克

梅多克位于法国的波尔多产区。该地区只生产红酒，是波尔多最具代表的五大红酒产区之一。此处生产着全世界最高级的红酒。

梅多克的土壤是由沙和硅钙质混合的鹅卵石形成的。酿制葡萄酒的原料是生长在鹅卵石中的葡萄，用这种葡萄酿成的葡萄酒，所含的单宁、色素、酚类化合物等都非常丰富。

梅多克新酒一般呈深紫色。喝上两杯后，牙齿和舌头都会被染成蓝色。这种酒酒体丰满，结构感层次感很强，厚重而涩，果香浓郁，酒质醇厚。当将其与烤鸭、排骨等肉类相配时，将是一种极大的享受。

三、波特酒

波特酒生产于葡萄牙。看到这个国家的名字，就会使人立即联想到葡萄和葡萄酒。葡萄牙地处大西洋沿岸，其气候非常适宜葡萄的生长。全国各地都栽种着葡萄，葡萄酒的产量也很大。其中以波特酒和马德拉酒 (Madeira) 最为驰名。

波特酒是世界上著名的加强葡萄酒之一，产于葡萄牙的杜罗河 (Douro) 一带，在波特港进行储存和销售。波特酒分为红、白两类。其中，红有黑红、深红、宝石红、茶红之分。

作为甜食酒，波特红酒在世界上享有很高的声誉。它的香气非常具有特色，主要表现为：浓郁芬芳，果香、酒香协调；口味醇厚，甘美圆润。

直到现在，波特红酒的酿制仍然是采用传统的脚踩法进行榨汁，以保持葡萄核的完整无损。在波特酒的酿制过程中，待葡萄发酵至糖分为 10% 左右时，需要添加白兰地酒中止发酵，但保持酒的甜度。经过二次剔除渣滓的工序后，再将酒运到酒库里进行陈化、贮存。波特酒通常要陈化 2~10 年。最后，再按配方混合调出不同类型的波特酒。

四、黑比诺酒

黑比诺酒产于非洲最南端赫曼努斯 (Hermanus) 的哈密顿·罗素，是南非有名的葡萄酒之一。

种植黑比诺葡萄的葡萄园通常具有纯粹的非洲特色，散发着香草的气息。如，非洲最南角的哈美尔庄园。该庄园临南大西洋，受寒凉海洋气候的影响。此外，该葡萄园在山坡上，共有 16 种石质土壤，距离海湾只有 3.2 公里。这样的环境使黑比诺葡萄得到了很好的生长。

哈美尔庄园采用人工采摘葡萄，经分类后再压碎的方法酿制葡萄酒。令人惊讶的是，该庄园出产的葡萄酒的口味与法国的布根地酒非常相似。

红酒酒具

红酒常用的酒具包括红酒杯、红酒架、红酒篮、红酒车、开瓶器、醒酒器、红酒盒、红酒座、红酒冰桶、红酒冷藏柜和红酒酒刀等。

红酒酒瓶

鉴赏红酒要从酒瓶开始。消费者对酒瓶的认识可以从酒瓶的形状和颜色两方面展开。通常，对酒瓶形状和颜色影响最大的，是红酒的产地及瓶内红酒的种类。

布根地产区

卢瓦河谷产区

波尔多产区

日常餐酒

香槟产区

普罗旺斯产区

罗讷河谷产区

阿尔萨斯产区

隆格多克鲁西荣产区

一、酒瓶的形状

目前，红酒瓶的形状呈现出多种形式。最常见的两种酒瓶类型是典型的布根地形状和波尔多形状。

当某种红酒采用这两种类型的酒瓶来盛放时，则说明该酒的风格与典型的布根地或波尔多酒风格类似。

消费者可以从酒瓶的形状上了解到更多有关该酒的信息。以法国红酒为例，各种酒的酒瓶瓶身都是不一样的。

★ **布根地产区**：略带流线的直身瓶型；

★ **卢瓦河谷产区**：细长瓶型，

近似于阿尔萨斯瓶型；

★**波尔多产区**：直身瓶型，类似中国的酱油瓶形状，是波尔多酒区的法定瓶型。在法国，只有波尔多酒区的葡萄酒才有权利使用这种瓶型；

★**香槟产区**：香槟酒专用瓶型；

★**罗讷河谷产区**：带流线的直身瓶型。它通常比布根地产区的酒瓶矮一点，也更粗一点；

★**普罗旺斯产区**：细高瓶型。与其他酒瓶相比，其颈部多出一个圆环；

★**阿尔萨斯产区**：细长瓶型，是法国阿尔萨斯酒区的特有瓶型；

★**隆格多克鲁西雍产区**：矮粗瓶型；

★**日常餐酒**：日常餐酒的一般瓶型通常与大号的布根地瓶型相似。

二、酒瓶的颜色

葡萄酒瓶的颜色通常有绿色、棕色和无色三种。大部分的红葡萄酒会用绿色的酒瓶来盛放；波特酒一类的加香型葡萄酒则采用深棕色酒瓶来盛放；而无色的酒瓶更适合用来盛放白葡萄酒和玫瑰红葡萄酒。

三、有关酒瓶的小常识

1.为什么瓶口有层塑料封套？

红酒瓶口的塑料封套主要是为了防止虫子咬噬软木塞。

为了使酒能与外界呼吸交换，酿酒商有时还会在封套上留有小孔。这些小孔通常用在浅龄酒上。

2.为什么瓶底有凹凸？

红酒瓶底部一般都有一个凹陷。它的作用主要是为了聚集沉淀物，并借此避免酒液的混浊。

此外，每个瓶底凹陷的深浅各有不同。通常来说，越是需要长时间储存的酒，其凹凸就越深。也就是说，好酒因需要长期保存，瓶底凹凸都比较深。但这并不是说，瓶底凹凸深的酒就一定是好酒。

3.为什么有的瓶塞会凸起？

未开封的酒，如果瓶塞凸起或瓶口有黏液，则说明该酒的品质存在问题。

酒杯巡礼

真正会喝酒的行家都知道酒杯的重要性。酒的颜色、香气、口味都会因为酒杯的形状、大小、薄厚的不同而表现各异。其差异有时明显易辨，有时则细致入微。

葡萄酒鉴赏家一致认为，每种葡萄酒都需要特别的酒杯才能产生与众不同的酒香。酒杯的形状决定了酒的走向、强度和入口的方式，进而影响到酒的香气、味道、平衡、余韵等。如用窄杯饮用浓郁的布根地葡萄酒就是不适宜的搭配。因为窄杯会使酒打漩的空间变小，而该酒的酒香正是靠打漩产生的。

在意大利葡萄酒展上曾发生这样一件事：在皮得蒙地区一个酒庄的展台前，有人试图用手中的一次性塑料杯子试酒，结果当即被酒庄主人勇猛而坚定地夺下。该主人认为，使用一次性塑料杯品尝他的美酒是一种亵渎。于是，他给那人换上了高脚葡萄酒杯。

目前，红酒杯的类型主要有波尔多酒杯、布根地酒杯和全功能酒杯三种。

★ **波尔多酒杯**：该酒杯比较高，杯口较布根地酒杯窄。这样的设计能很好地保留杯内波尔多红酒的香味。该酒杯的容量从 12~18 盎司不等，有时还会更大。

★ **布根地酒杯**：该酒杯的特色是大而圆，高度和宽度都大约相等。其杯口较波尔多酒杯宽，适用于气味香醇的酒。该酒杯的容量大约在 12~24 盎司之间，偶尔也会更大。

★ **全功能酒杯**：对于不愿因酒的种类不同而更换酒杯的人来说，全功能酒杯将是一个不错的选择。

总的来说，在选择酒杯和使用酒杯时，应该注意以下几点：

一、酒杯最好是无色透明的

从视觉上说，红葡萄酒呈现的是紫色、蓝色或红色。只有无色透明的酒杯，才能展现出这种美丽，并方便饮用者更好地观察红酒真正的颜色。因此，对于酒杯的要求，首先就是要无色透明。

清澈无色的水晶酒杯是喝红酒时的最佳选择。这种酒杯的透明度非常高，折射率也很小。与普通的酒杯相比，它显得更高级，也更合适。

除水晶杯之外，玻璃酒杯也是不错的选择。它通常可以用来搭配价格稍微便宜的葡萄酒，而且不必考虑葡萄的种类和产地。

二、杯口外形内缩

酒杯的形状设计应以发挥酒的香气及味道层次为归依。一般来说，影响酒杯闻香的因素主要包括酒杯的外形、酒杯内部的面积、酒杯内部到杯口可容纳酒的空间等。因此，喝红酒时的酒杯，往往都采用窄口宽肚型。

窄口是为了使酒香凝聚。品酒时，鼻子埋在杯口，就能闻到充溢在整个小空间里的浓郁酒香。事实表明，清淡的酒偏爱口收得小一点的酒杯，而浓郁型的酒则适合倒入深长宽广的酒杯中。

人的舌头上有四大味蕾区。其中，舌尖对甜味最敏感、舌后对苦味最敏感、而舌头的内外两侧则分别对酸、咸敏感。杯口的设计就是要把酒液导向舌面中间及至两旁，以达到果味、酸度及单宁的平衡。

此外，杯子的表面积越大，越容易进行嗅觉判断。嗅觉器官能感受到的风味物质的数量直接与被红酒润湿的杯子的表面积有关。宽肚型的酒杯正好符合这个条件。同时，宽肚型酒杯也有利于红酒与空气的充分接触。其原理和醒酒器相同。

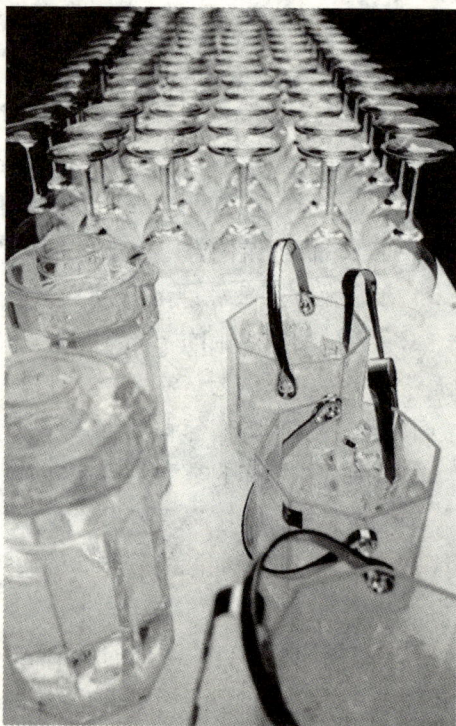

三、杯子必须有杯柄

红白葡萄酒可以使用单一形状的标准杯型，不过一定要是高脚杯，而且要有4~5厘米长的杯柄。

之所以这样要求，是因为杯柄的存在，不仅可以方便品饮者摇动酒杯，而且可以避免品饮者因为手持杯身，而影响到酒温和观察酒色。

另外，酒杯要尽量做得轻一些。否则，拿起来会有坠手的感觉。

四、斟酒时只要达到酒杯的 1/4~1/3

不管选择什么样的酒杯，杯中红酒的体积应占酒杯容积的 1/4~1/3，且不能超过 1/3。

这么做的目的，一方面，是为了达到醒酒的功效；另一方面，是为了在摇酒杯的时候，能够避免红酒溢出。此外，太满的酒也会使品饮者无法旋转酒杯，从而不利于红酒的视觉和嗅觉评价。

五、握持酒杯的方法

握持酒杯的方法有两种，即握持酒杯的杯脚或者握持酒杯的杯底。

通常，握持酒杯的杯脚是最简单的一种方法。该方法可以使品饮者很简单地倾斜酒杯，观察酒的颜色，以及旋转酒杯里的酒液。

如果是握持酒杯的杯底，则能使品饮者更轻易地操控酒杯，而且还能给品饮者带来更舒适的感觉。

软木塞

酒塞可以说是鉴别红酒品质的第一道门。由软木做成的软木塞更是被人们称为"葡萄酒的守护神"。

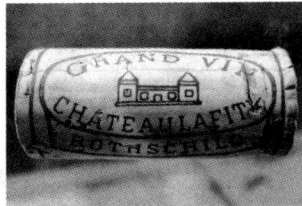

一、软木的选择

软木塞品质的好坏将会直接影响到红酒的品质。通常来说，一个好的软木塞最重要的就是要有弹性、延展性和压缩性。

目前，世界上使用的软木塞，大多都是由葡萄牙的软木橡树树皮制成的。用这种树皮加工成的木塞柔软而有弹性，接触酒液后会处于膨润状态，可以更好地密封酒瓶，并阻隔空气的入侵。

事实上，所有的树皮都有软木。但是，只有软木橡树的树皮才能制造出品质最佳，而且紧密度最好的瓶塞。

二、软木塞的结构

一般来说，一个结构组织良好的软木塞并不是密不透气的。软木塞有很多细微的孔隙，虽然经过挤压后，这些孔隙会消失。但是，在漫长的储存岁月里，这些"消失的孔隙"可以使红酒维持适度的呼吸。

软木塞的孔隙，可以使极少量的空气逐渐进入酒瓶内，促使红酒慢慢进行瓶内成长，使酒质变得更加醇厚。如果软木塞完全密不透气，瓶内的酒就会变成死酒，从而也丧失了成熟的可能性。

如果使用的是一个不合格的，而且结构松散不良的软木塞，则会使大量的空气及细菌进入酒瓶，使酒水氧化，甚至腐坏变味。因此，把软木塞称为"葡萄酒的守护神"一点都不夸张。

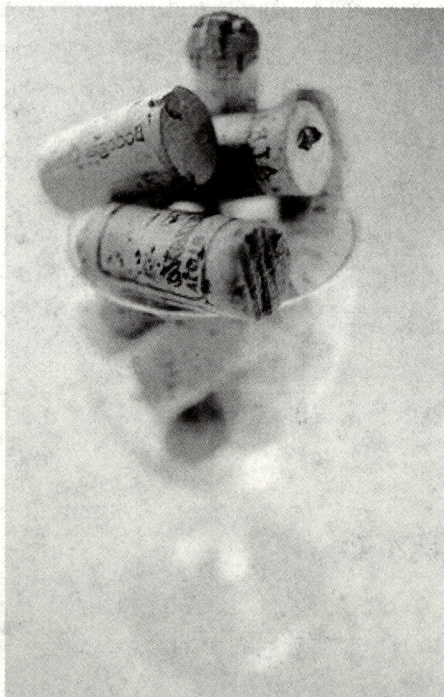

三、软木塞的湿润度

湿润的软木塞可以阻绝空气，使酒质长期不受侵害。因此，红酒最好是在

70%的湿度、12~16℃的温度条件下，水平或倾斜置放。如此一来，才能使软木塞与酒液亲密接触，并保持湿润状态。

如果存放红酒的环境太干燥或采取直立存放的方式，那么，软木塞就会失去弹性，从而加速葡萄酒的氧化和老化，同时使瓶内的酒香散失良好风味。

四、软木塞的挑战

要提醒品饮者注意的是，在开启红酒时，稍不留神，就会出现软木塞被钻透、拔断、压进瓶里，或者木屑掉进酒里等尴尬。

因此，目前一些观念超前的酒庄已经开始尝试用螺旋式瓶盖代替软木塞，如澳大利亚的韦克菲尔德。

著名酒评家、《葡萄酒倡导者》杂志的主编罗伯特·帕克，在其发表的《未来葡萄酒的 12 条预言》中的第 5 条指出：螺旋式瓶盖将成为大众选择。软木塞将只用于需要较长时间珍藏的佳酿中。

美国《葡萄酒商务周刊》对 150 家葡萄酒厂商的调查也表明：对于零售价 10 美元以上的葡萄酒，天然软木塞将继续占据主导地位；对于零售价在 7 美元以下的葡萄酒，26%的被调查者表示正在考虑使用螺旋瓶盖；对于 7~10 美元价位的葡萄酒，22%的被调查者也考虑将使用螺旋瓶盖。

红酒的酿造

　　酿造优质红葡萄酒的关键，就是要最大限度地提取红葡萄果皮中的酚类物质、花色素和单宁，以期获得红葡萄酒理想的颜色和口感，并使其在未来的储存和陈酿过程中随时间的延续而更加完美。

红酒的酿造过程

　　红酒的酿造需要经过以下工艺流程：将采摘的葡萄运送酒厂——破碎——浸皮与发酵——榨汁——培养——澄清——调配 (勾兑) ——过滤——装瓶。

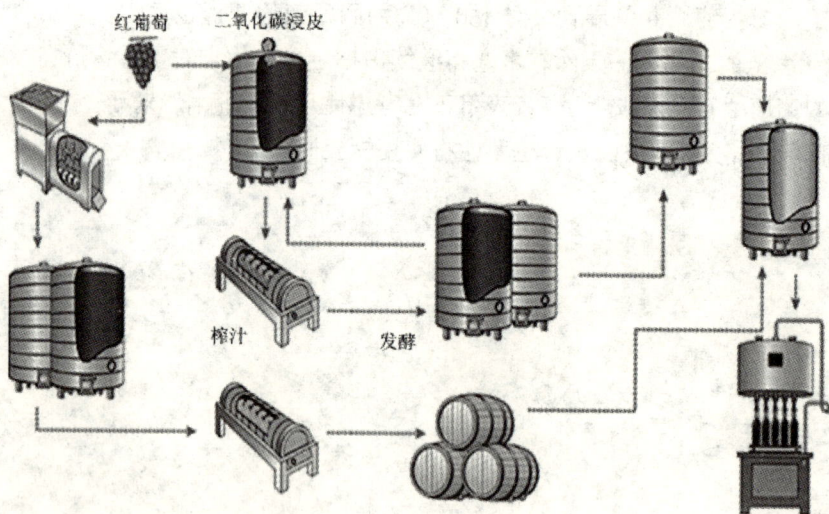

　　红葡萄　二氧化碳浸皮

　　榨汁　　发酵

一、筛选
　　红酒必须选用红葡萄酿造。其品种可以是皮红肉白的葡萄，也可以是皮肉皆红的葡萄。
　　采收后的葡萄，有时会带有葡萄叶或未成熟的葡萄。因此，严谨的酒厂往往会在酿酒前，对葡萄加以筛选。必要时，还会根据葡萄的成熟度对葡萄进行分类。

二、破皮去梗

红酒的颜色和口味主要是来自于葡萄皮中的红色素和单宁。因此，酿造红酒时，必须先破皮。只有这样，才能使葡萄汁液与皮充分接触，从而释放出多酚类物质。

去梗是为了清除果梗中的青梗味。此外，葡萄梗的单宁较强劲，通常也应选择除去。除非酒中需要额外增加单宁，如一些酒厂为了加强单宁的强度也会留下一部分的葡萄梗。否则，酿酒时将不会考虑保留果梗。

三、浸皮与发酵

完成破皮去梗后，葡萄汁和葡萄皮将被一起放入酒槽中，一边浸皮一边发酵。

利用橡木桶或具温控的不锈钢酒槽进行酒精发酵时，温度的控制必须适度，须维持在10~32℃之间。虽然，较高的温度能够加深酒的颜色。但是，过高的温度（超过32℃）也会杀死酵母并丧失葡萄酒的新鲜果香。

浸皮的时间越长，释入酒中的酚类物质、香味物质和矿物质就越浓。当发酵完成，且浸皮达到需要的程度后，即可把酒槽中液体的部分导引到其他酒槽。此时的葡萄酒称为初酒。该过程通常需要一个月左右的时间。

在该过程中，发酵时产生的二氧化碳会将葡萄皮推到酿酒槽的顶端，从而无法达到浸皮的效果。传统的做法是：由酿酒工人用脚踩碎葡萄皮，使之与葡萄酒混和。此外，也可以用邦浦淋酒或机械搅拌混合等方法。

四、榨汁

压榨葡萄渣，是为了取得更多单宁酸的压榨酒。葡萄皮榨汁后所得的液体比初酒浓厚得多，且单宁和红色素含量都非常高，酒精含量反而较低。酿酒师可根据需要，在初酒中加入经榨汁处理的葡萄酒。但是，在混合之前须先经过澄清的程序。

此外，榨汁过程中，必须注意压力平均且不能太大，从而使葡萄梗和籽的苦味不至于破坏到葡萄酒的口感。传统上以气囊式压榨机的榨汁效果更佳。

其实，红葡萄酒与白葡萄酒在生产工艺方面的主要区别就在于：对于红酒来说，压榨是在发酵以后进行的。而对于白酒来说，压榨是在发酵以前进行的。而且，在红酒的发酵过程中，酒精发酵作用和固体物质的浸渍作用同时存在。前者将糖转化为酒精，后者将固体物质中的单宁、色素等溶解于葡萄酒中。

五、橡木桶中的培养

几乎所有高品质的红酒都必须经过橡木桶的培养。这是因为橡木桶不仅能补充红酒的香味，同时也能提供适度的氧气使酒更圆润、和谐。

红酒在橡木桶中的培养时间的长短可以依据红酒的结构，以及橡木桶的大小、新旧而定，一般不会超过两年。

六、澄清

澄清是指采取沉淀法或离心法去除泥沙异物和葡萄屑。该过程一般在低温下进行。除非细菌感染使酒浑浊，否则，在一般情况下，红酒是否清澈，与酒的品质没有太大的关系。

然而，为了美观，为了使酒的结构更加稳定，通常还是会进行澄清的程

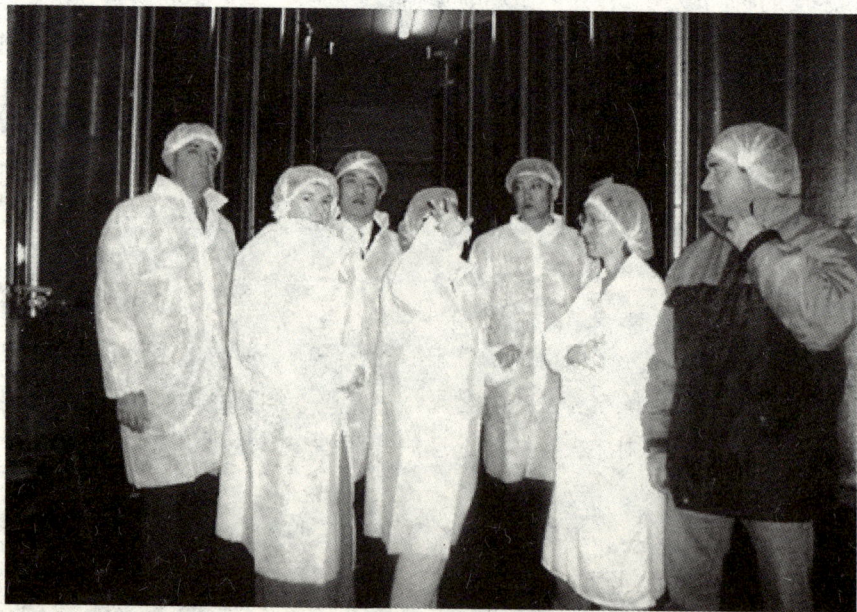

序。酿酒师可以根据需要选择适当的澄清方法。

七、调配

葡萄酒原酒在澄清结束之后往往要进行调配。该过程对于葡萄酒的品质会产生至关重要的影响。

经验丰富的酿酒师会在同一年份的酿酒槽中，选出品质最佳、最有潜力的原酒，再予以混合，使酒变得更加和谐，丰富多变。

那些被选中成为"大师级"的葡萄酒，除了在理化指标上要符合国家标准对优质葡萄酒的高要求之外，在成品酒颜色、干浸出物及感官指标上，也必须让挑剔的酿酒师完全满意。

八、装瓶

红酒在橡木桶里待了足够的时间后，首先要将这些酒装入玻璃瓶内，并贴上酒标。然后，才可以拿到市场上销售。

通常，早期饮用的葡萄酒在葡萄采摘 2~6 个月后装瓶，而陈酿的葡萄酒则应在转桶 2 年后装瓶。

红酒的酿造方法

红葡萄酒的酿造方法很多，主要包括传统发酵法、旋转罐法、二氧化碳浸渍法、热浸提法和连续发酵法。

一、传统发酵法

使用该方法时，首先要经过破碎，使果肉和果汁从葡萄中分离。然后再去梗，以避免果梗的青梗味。接下来是酒精发酵和浸渍。发酵容器目前经常使用的是不锈钢大罐，发酵过程为 4~10 天。在这段时间里，葡萄皮中的单宁和红色素会渗入到发酵中的葡萄汁里。发酵好的酒要更换容器，以便将皮渣从葡萄原酒中分离出来，并将皮渣再次压榨出酒。

在红葡萄酒的酿造过程中，通常还会进行副发酵。即利用乳酸菌把酒中酸涩的苹果酸转变成较柔顺、稳定的乳酸，然后再进入陈酿阶段。目前，传统发酵法是比较常用的方法。

二、二氧化碳浸渍法

二氧化碳浸渍法是指将完整的葡萄置于密闭的酒罐中数日。罐内的空间充满二氧化碳，该气体或从外面充入，或从葡萄的呼吸中产生，或由一部分破碎的果肉发酵产生。其目的是为了生产更柔和、更新鲜、酸度低的红葡萄酒或桃红葡萄酒。

使用该酿造法时，应使用食品级二氧化碳气体，而且要在没有固体物质的情况下进行发酵。

三、热浸提法

该方法是指将整粒葡萄或破碎的葡萄在开始发酵前加热，并根据所要达到的目的选定温度，使葡萄在选定温度下保持一段时间。使用该方法，可以更完全地提取果皮中的色素、酚类物质和其他物质。

在使用该酿造法时，不应进行浓缩或渗水，而且要防止过分加热。此外，禁止使用喷入蒸气法加热。

以上三种酿造方法的共同特点是去梗、压榨，再将果肉、果核、果皮统统装进发酵桶中发酵。在发酵的过程中，要将酒精发酵和色素、香味物质的提取同时进行。而且发酵桶或罐都需要先用低剂量的二氧化硫处理，以预防微生物的污染。

在国外，一种嘉尼米德技术已经被新旧世界的葡萄酒企业广泛应用和普及，如新世界的美国和澳大利亚，以及拥有传统酿酒技术的法国和意大利。目前，嘉尼米德不仅仅是一项简单的酿造技术，它同时也是葡萄酒品质的象征。

红酒的培养——橡木桶

公元 5 世纪末，有记载称，意大利人开始用木桶装运葡萄酒。后来，人们发现，用橡木桶运输葡萄酒比用泥土烧制的双耳瓦罐结实而且容量更大。于是，橡木桶开始得到广泛的传播和使用。

一、橡木桶的作用

从发酵结束到装瓶之间，优质红酒的培养都是在橡木桶内进行的。橡木桶作为酿酒的重要设备之一，在红酒的培养过程中的贡献是重要和复杂的。其作用具体表现在以下方面。

★ **氧化作用**：作为一个木制容器，橡木桶并非是完全密闭的。它含有很多微小的气孔，使桶壁具有透气性。透过桶壁，气孔能够缓慢持续地向酒输送氧气，使红酒的颜色变得更加稳定。

★ **澄清葡萄酒**：在用橡木桶对红酒进行陈酿的过程中，酒中的杂质会自然沉淀。通过倒桶，可以将这些杂质去除。

★ **增加橡木的香气**：红酒在橡木桶内培养的另外一个希望，就是香气成分的溶解，能使各种香气之间达到平衡和协调。这也是使用橡木桶最主要的目的之一。

★ **保温作用**：橡木桶作为发酵容器，具有不锈钢罐所不具备的独特的保温特性。

二、橡木桶的分类

★ **按橡木产地分**：有法国橡木、中欧橡木和美国橡木等。

★ **按橡木种类分**：使用较多的有 Nevers、Allier 等。另外，还有一种是利木森橡木。研究表明，橡木种类比橡木产地更重要。

★ **按加工工艺分**：即按烘烤桶板和桶端的程度不同，可以将橡木桶分为不烤、轻烤、中烤、中加烤和重烤五种。

★ **按橡木桶的规格分**：从 20 升或 30 升直至 5000 升不等。通常，以 225 升橡木桶的使用为最多，300 升和 400 升的使用为第二多，再次就是使用 500 升的。

★ **按放置方式的不同分**：橡木桶还可以分为卧式和立式两种。通常，卧式的用得多，而立式的只用于大型木桶。

三、橡木桶的选择

酿酒师在酿酒之前，首先要选择合适的橡木桶。通常，选择橡木桶的标准包括三点。

1.确定橡木的种类

世界上的橡木种类约有 250 种。由于结构和成分的不同，每一种橡木赋予红酒的风味也是不同的。目前，最为常用、最流行的树种主要有三个，即产于法国、奥地利、捷克、斯洛文尼亚、波兰等欧洲国家的卢浮橡和夏橡，以及主产于美国的美洲白栎。

当酿酒师希望酿制橡木味浓重单一的葡萄酒时，一般多选用美国的白栎。而当他们想酿造橡木香、果香、酒香协调幽雅的葡萄酒时，则会选择欧洲橡木。

2.确定桶型

橡木桶的规格和型号很多。其中桶型包括波尔多型、布根地型、雪莉型等；容量则有 30 升、100 升、225 升、300 升、500 升直至几千升不等。

选择橡木桶型号时，需要考虑两个因素：一是操作的方便性；二是内比表面积。多数情况下，人们通常选用 225 升布根地型的橡木桶。这种橡木桶不仅有合适的表面积容积比，而且其移动操作和清洗等都很方便。

3.确定焙烤程度

选择橡木桶的焙烤程度时，一定要结合所酿葡萄酒的风格仔细斟酌。

实践证明，经过适度焙烤的橡木桶会赋予葡萄酒更馥郁、更怡人的香气。经其陈酿的葡萄酒口感也会更加柔和饱满。

焙烤程度不同的橡木桶，其赋予葡萄酒的滋味也将有所不同。一般来说，轻度和中度焙烤的橡木，会赋予葡萄酒一种鲜面包的焦香和怡人的香味，而过度焙烤的橡木则会使在其中陈酿的葡萄酒产生一种柴油般的味道。

四、橡木桶的使用

选择了合适的橡木桶后，接下来就要确定葡萄酒的橡木处理方法。红白葡萄酒在进行橡木处理时，采取的方法略有区别。白葡萄酒是在橡木桶中发酵，并在酒泥上陈酿。红葡萄酒则是在酒精发酵和苹果酸–乳酸发酵结束后，进行简单的自然澄清，然后再灌入橡木桶中进行陈酿。

不管是采用哪种方法，要想取得理想的效果，最重要的还是要加强日常管理，控制好陈酿的温度和湿度，避免污染，并且要及时添桶与搅拌。除此之外，定期品尝与分析也非常必要。

1.木桶使用前的准备

使用新桶时，要避免把其不良的味道带入酒里。而使用二手旧桶时，首先要用清水将旧桶洗泡 48 小时，以便最大可能地去掉 SO_2。其他情况下，旧桶需要在使用前用低浓度的硫水 (1~3g/l) 洗泡 2~3 天，以便使木质膨胀，并中和清除细菌产生的醋酸和薰硫产生的硫酸。

2.装酒入桶

完成酒精发酵或苹果酸发酵，或罐内浸提结束后，应趁酒混浊时，尽早将酒装入橡木桶。这么做，有利于澄清酒液和释放气体。根据酒窖地势的不同，可选用重力或泵装桶。

装酒后，还要注意检查木桶的容量，一旦发现孔洞或渗漏应立即处理。

3.橡木桶内的培养

红酒在橡木桶内的培养，包括六个主要步骤。

第一，使桶塞朝上或朝侧面。前几个月，木桶孔塞应选用玻璃塞。这是因为玻璃塞有利于放气和氧化。前几个月结束后到装瓶之间，应改用密封的木头或硅胶桶塞。这样可以限制氧气的进入，使氧气仅仅透过桶壁进入。

在孔塞朝上的 6 个月成熟期间，应尽早做一次通气。接下来的氧化是 12 个月期间孔塞朝向侧面，以方便高档酒的发育。

第二，进行添桶。这主要是为了避免细菌在因木桶对酒的吸收和蒸发而产生的空间内繁殖。

在木桶孔塞向上期间，应当定期添桶。酿酒师可以根据消耗和桶龄及酒窖的温度条件每周添桶 1~3 次。同时，添进去的酒的质量应当与桶内的酒保持一致，以免感染桶内的酒。

第三，进行加氧。木桶内培养酒的氧气的来源有三个：一是通过木质的毛细孔状况和允许的内部酒气接触面交换氧气；二是添桶操作；三是装桶。

第四，进行倒桶。倒桶可以使酒澄清，同时可以释放二氧化碳，并为酒的发育带来必要的氧气。在红酒的桶内培养过程中，第一年应该每 3 个月倒一次桶；第二年则每 4 个月倒一次桶。

第五，下胶。传统上是在桶内培养的后期，对已经清澈的酒下胶，协助酒的澄清和稳定。该过程可在桶内或罐内进行。

当去除胶时，红酒会丢失部分鲜明的香气，尤其是果香。如果操作正确，酒的收敛性会急剧下降，酒也会显得较瘦弱，需要等待 2~3 个月后，才能真正恢复酒的肥硕和肉感特征。下胶后，酒会变得对氧敏感。因此，要最大限度地防止氧化，保持足够水平的游离 SO_2，并确保温度不要超过 17℃。

第六，桶内培养期的确定。短期橡木桶培养的酒，最少需要 6 个月的桶内培养，才能使酒具有明显的木桶香气和特殊的单宁口感。为此，1999 年 6 月 29 日法国官方规定，标签上注明"橡木桶内培养"的葡萄酒，最少要在木桶内培养 6 个月。

此外，伴随着酒在橡木桶内的培养，存在一系列的分析和控制。其中有三项是必需要做的：即游离 SO_2 含量、挥发酸和品尝。

红酒的储存

通常，白酒是越陈越香。然而，红酒不像白酒，红酒是有年龄、有生命的。它需要在最佳的时间品尝。有些红酒的质量寿命为 30~50 年，有些酒只有3~5 年，甚至 2~3 年。事实证明，越好的红酒越经得起陈年。

如 1996 年好年份生产的法国波尔多红葡萄酒，最好喝的时间是 2004 年以后。而一瓶同年份酿制的法国布根地红葡萄酒，它陈年的时限比波尔多红葡萄酒还要再长一些。

红酒的质量寿命主要是指红酒的品质在其生命周期中不断变化，随着储存时间的增加，逐渐达到最佳点，然后开始降低直至衰败。所有的红酒都应该在其质量寿命的最佳时期饮用。这也是红酒消费中最关键，而且是最具个性化的部分。

储存条件

酒是有生命的，并不是所有的酒都需要储存。那么，究竟什么样的酒才需要储存？下面以法国葡萄酒为例进行说明。

★ 在法国葡萄酒分级中，属于日常餐酒和地区餐酒的不用储存。

★ 只有法定产区酒 AOC 才需要储存。

★ 法国白葡萄酒因为不含单宁，所以一般不用储存。通常储存的都是红葡萄酒。

红酒在瓶中的变化是一个缓慢的过程，太过恶劣的保存环境会加速这个过程，使红酒成熟过快，酒质变得粗糙，甚至很快衰败。储存红酒时，要密切关注温度、湿度、光线和振动等几个条件。

一、温度

保存葡萄酒最忌讳的是温度的强烈变化。因此，储存红酒时温度一定要适当。温度太高或太低，都会对酒产生不良的影响。

曾经有学者作过专门的分析，他们认为储存葡萄酒的理想温度是摄氏

12.8℃。

加州大学化学系教授Alexander J. Pardell对此也进行了试验研究。结果发现：以摄氏13℃作为基准，如果温度上升到摄氏17℃，酒的成熟速度会是原来的 1.2~1.5 倍；如果温度增加到 23℃，成熟速度将变成 2~8 倍；如果温度升高到 32℃，成熟速度将变为 4~56 倍。

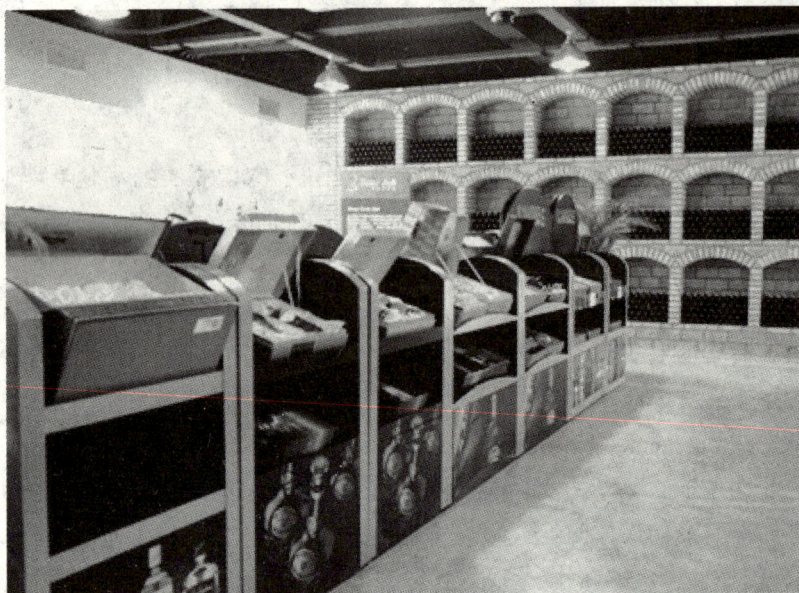

也许有人要问，温度稍微高一点，酒的成熟速度就越快。如此一来，酒不就可以很快喝了吗？其实不然。成熟速度快，会使酒的风味变得更粗糙，有时甚至会发生过分氧化使酒变质的可能。

温度除了要适当外，最好还要保持恒定。温度比理想温度高 5~10℃的恒温处，远比忽热忽冷温差大的地方效果更好。这是因为温度变化太大，不仅会破坏葡萄酒的酒体，在热胀冷缩的作用下，还会影响到软木塞，造成渗酒的现象。因此，酒的储存一定要远离热源，如厨房、热水器、暖炉等。

如果没有理想的储酒设备，又想买些酒放着慢慢品尝，那么，我们可以用报纸、尼龙等材料先把酒包装起来，减少外界温度变化对它的影响，然后装箱，再找最凉爽且不受日照影响的地方将酒储藏起来。

二、湿度

湿度的影响主要作用于软木塞和酒标上。实验证明：70%左右的湿度，是最佳的储酒环境。

若储酒环境太湿，容易造成软木塞和酒标的腐烂。通常，湿度超过 75%时，酒标容易发霉。而且，如果是储存在酒窖里的话，还容易滋生一种甲虫。这种像虱子大小的甲虫会将软木塞咬坏。

若储酒环境太干，则容易使软木塞失去弹性，无法紧封瓶口，从而影响密封效果。如此一来，将会有更多的空气与酒接触，从而加速酒的氧化，最终导致红酒变质。即使酒没有变质，干燥的软木塞在开瓶时也容易断裂甚至碎掉，使木屑掉到酒里，从而破坏酒的口感。

三、光度

储酒的环境，最好不要有任何光线。否则，容易使酒变质。尤其是在日光灯下，更容易使酒产生还原变化，从而发出浓重难闻的味道。

光线中的紫外线是加速酒的氧化过程的罪魁祸首之一。如果想要长期保存红酒，应该尽量将它放在避光的地方。虽然酒瓶能够遮挡住一部分紫外线，但它毕竟不能完全防止紫外线的侵害。

四、通风

葡萄酒与海绵一样，会将环境周围的味道吸到酒瓶里。因此，在同一个环境中，要避免将酒与有异味、难闻的物品，如汽油、溶剂、油漆、药材等放置在一起，以免酒中吸入异味，破坏了红酒的味道。另外，在储酒环境中，最好保持通风。

五、振动

振动对酒的损害纯粹是物理性的。正如上文所说，红酒在酒瓶中的变化是一个缓慢的过程。振动会使红酒加速成熟，使酒变得粗糙。

因此，红酒的储存环境，最好不要是会经常振动的地方，并且要尽量避免将酒搬来搬去。尤其是对年份久的老酒，更是一大忌讳。

六、摆置

最后要说的就是酒瓶的摆置。由于红酒在装瓶后，仍会继续发酵。因此，正确的摆置方法应该是平放。只有这样，才能使软木塞接触红酒，并使它始终浸泡酒液而膨胀。

另外，当酒瓶平放时，瓶口最好能向上略微倾斜。这是因为当红酒存放了一定的时间后，就会有沉淀。当酒瓶平放且瓶口向上略微倾斜时，沉淀就会聚集在酒瓶的底部。如果是将瓶口向下摆放，沉淀就会聚集在瓶口处，时间长了还会粘在那里。如此一来，倒酒的时候，会连沉淀一起倒入酒杯，因此该做法不可取。

假如将酒直立储存，则超过一定的时间后，软木塞容易变得干硬易碎，无法完全紧闭瓶口，从而使瓶外的空气渗入，造成红酒氧化，最终使酒质变味发酸。

酒窖储藏

窖藏是行业术语。它是指将葡萄酒进行中期或长期的储存，使葡萄酒在瓶中继续陈酿。由红酒的储存条件可以看出，最理想与长期的储酒环境是温度约在摄氏 12~14℃间保持恒温，湿度在 65~80%间，保持黑暗。

因此，酒窖就是储存红酒最好的地方。那里没有多余的光照和震动，而且有一定的深度可以保持恒温。如果温度不合适，还可以安装调温设备。

温度和湿度是窖藏中的两大要素。华氏 55 度（华氏 100 度=摄氏 37.8 度）是公认的将红酒长久储存的最理想的温度。此外，温度的确定还与储存的时间有关。当酒的窖存时间不是特别长时，窖温在华氏 65 度也可以。当然，这应该是在确保温度恒定的情况下才能成立。

至于湿度，专家认为 60%的湿度最理想。保持这样的湿度，可以有效防止

软木塞变干，避免空气进入酒瓶，使酒液提前氧化。这些在储藏条件中都已经做了详细的描述，此处略过不讲。

因此，如果你有一个凉爽的地下室，只需要再买些放置葡萄酒的架子就可以自己储存红酒了。

目前，国内一些酒业公司也开始尝试建立大规模的恒温恒湿的酒窖，如北京圣朱利酒业销售有限公司。

这种恒温恒湿的酒窖，不仅可以为红酒的储存提供良好的条件，还可以代客户保存高档红酒。从而使它在为公司经营的产品提供质量保证的同时，又能使客户尝到高质量的红酒。

只要红酒确实具有陈酿的价值，窖藏美酒的妙处就非常值得期待。一般来说，白酒和红酒的颜色都会随着窖藏年份的延长而变得与冰茶的颜色接近，果香渐淡而其他香味显现，充满异国风情，又极具层次。

此外，红酒将更多地表现出土地、蘑菇、皮革和葡萄干的香气，而白酒则与焙烤过的干果和晒干的苹果相仿，口感也逐渐细腻、柔滑，令人想起羊毛变成羊绒的过程。

冰冻储存

"白葡萄酒才需要冻饮，红酒可在室温下饮用"。这种说法据闻源自欧洲，但它也引起了国人的误解。

其实，品饮者不必太过拘泥于温度。若觉得酒温不对，红酒也可以放入冰桶降温。"一冰掩百拙"本是饮白酒的名言，放在红酒的身上，偶尔也是适用的。

葡萄酒冰桶，是可以带来华丽气氛的小工具。将酒浸放在冰桶中，是饮用葡萄酒需要临时降温时的较好的办法。

此外，使用冰桶还可以避免将葡萄酒冰得温度过低。因此，必要时，品饮者也可以准备一个冰桶。

如果没有专用冰桶，那么，品饮者也可以用冰箱冰镇红酒。

用冰箱冰镇红酒时，不宜长时间地将酒放在冰箱里。否则，会损伤酒的品质，使酒的香味和风味降低。更有甚者，会使软木塞与酒瓶粘在存放的冰箱里。通常的习惯是：将红酒放入冰箱冷藏几个小时，然后取出。

电子酒柜

电子酒柜和普通的冰箱不同。普通冰箱的控温设备是将温度降到一定温度以下，比如 2~3 度。然后，等温度升到 6~7 度的时候再启动。与电子酒柜相比，冰箱有以下几点不足。

第一，温度有波动，而且温度通常太低。

第二，冰箱是一种大幅度的温度波动设备，在冷凝器表面会结霜。即使冰箱里没有除湿设备，也会因为该原因使湿度大大降低。

第三，一般的冰箱通常没有抗震设计。因此，启动冰箱时，难免有一定程度的振动。

而专业的电子酒柜是恒温、恒湿而且避震的。比如 SICAO 电子酒柜，就是一种最接近于地窖储酒的高科技冷藏设备。通常，SICAO 电子酒柜具有以下技术特点。

★ **恒温**：酒柜内保持摄氏 12±2℃。此外，它还有两个温度区间酒柜 (10~20℃) 和多温度区间酒柜。

★ **湿度**：与一般冰箱相比，该酒柜采用了电子制冷热，能使柜内的湿度常年保持在 55~80% 之间。

★ **避震**：该酒柜采用的电子制冷设备，能避免酒柜在启动时产生振动，从而也确保了红酒的稳定。

★ **避光**：电子酒柜采用的是实体门或玻璃门。其中，玻璃门使用的也是茶色避光的特殊玻璃材料。

★ **通风**：与一般冰箱相比，SICAO 电子酒柜利用半导体系统来实现柜内的自然风循环系统。

★ **隔离**：该酒柜采用 5 厘米厚的隔板，能有效确保外界温度和气味的隔离。

当然，专业的电子酒柜价格也相对更贵，比如最专业级的 EuroCave 牌酒柜，装 50 瓶酒的最小的一种也需要 900 美元。

处理未喝完的酒

酒瓶的木塞一旦被开启，空气就会和酒发生反应。虽然酒在几天内不会完全被氧化，但是，酒质的下降将非常明显。因此，未喝完的酒一定要谨慎处理。

一、将酒放入冰箱

开过的酒，如果不能一次喝完，应该尽快塞回木塞将酒冷藏起来，或把酒瓶放进冰箱，直立摆放。

通常，白葡萄酒开过后可以在冰箱里保存一周左右，而红葡萄酒在开过后，可以在冰箱里保存 2~3 周。

二、抽光酒瓶中的空气

处理未喝完的酒时，比较理想的方法是先将酒瓶中的空气抽光，再塞上瓶塞。如此一来，保存的时间可以相对延长。

使用该方法时，品饮者可以借助一些小道具，如一种叫"真空泵"的小设施来帮忙。即利用一组特殊的塑胶塞子和抽气棒将瓶中的空气抽掉后密封。使用该设施，可以延长红酒的寿命达两周左右。

抽光空气后的酒，最好还是存放在冰箱里。如果是红酒的话，在下次饮用前，要先从冰箱中将酒拿出来摆放一段时间，等温度上升到合适的时候再饮用。

此外，还有一种工具叫"葡萄酒氮气储存液"。使用该工具时，当我们按下塞子后，氮气会灌入酒瓶中，其稳定的性质可以使红酒得到较好的保存。该工具对卖单杯酒的饭店和餐厅来说尤其方便实惠。

三、将喝剩的红酒换到小瓶中

处理未喝完的酒时，较经济的做法是将喝剩的红酒换到小瓶中，使瓶中存不住空气。如此一来，红酒的保存时间就可以再延长 24 小时。

虽然，处理未喝完的酒的方法有很多，但是已开瓶的红酒，最好还是尽早喝完。这是因为红酒的保存时间越长，其风味散失得也就越快。

红酒实用篇

在品饮红酒前，消费者还应该尽量多了解一些红酒的实用知识。如红酒应该如何开、如何看、如何品、如何选购等等。只有了解了这些，消费者才能真正做到理性消费，避免走入品饮和选购的误区，最终获得高品位的美酒享受。

红酒配套知识

酒标导读

红酒的酒标相当于酒的身份证，它记录了酒的身世和资料。通常，酒标表达信息的风格可归纳为两个体系。一个是以法国、意大利为代表的旧世界；一个是以美国、澳洲为代表的新世界。它们之间的最大区别集中体现在原产地的内涵范畴，以及一些词汇的概念意义上。比较而言，新世界酒标信息表达更直接简洁，旧世界则更含蓄复杂。

由于各国的管制法例有所不同，因而其酒标的内容也有所不同。然而，它们仍然存在很多共同的要素，其中包括酒庄、酒的类型、酒的产地、酒的年份、酒的等级、在何处装瓶、酒的容量、酒精度的含量、主要酿酒葡萄的名称等。下面，就以旧世界的法国葡萄酒酒标为例进行介绍。

一、葡萄酒酒庄

传统的葡萄酒酒庄是葡萄种植、酿造、灌装和销售的场所。在这里，必须要有酒庄自辖的葡萄园、一流的酿酒师和丰富的酿酒技术。只有这样，才能保证葡萄酒的高品质。

图1中的法国酒庄，是大宝酒庄。该酒庄的名称，同时也是该葡萄酒的名称。这说明了该酒采用的是酒厂或酒庄名称命

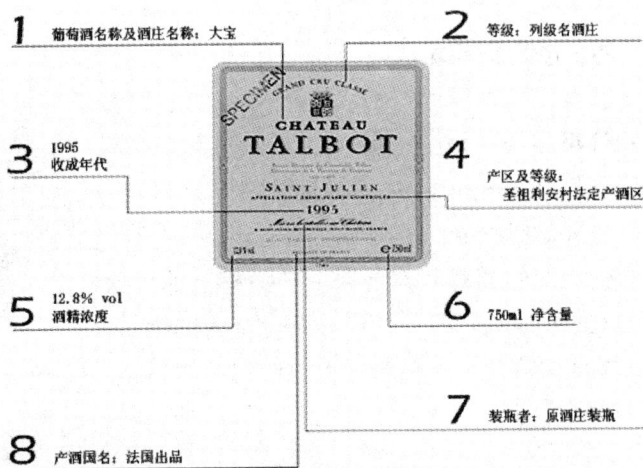

1 葡萄酒名称及酒庄名称：大宝
2 等级：列级名酒庄
3 1995 收成年代
4 产区及等级：圣祖利安村法定产酒区
5 12.8% vol 酒精浓度
6 750ml 净含量
7 装瓶者：原酒庄装瓶
8 产酒国名：法国出品

图1:法国葡萄酒酒标

名法。

著名的酿酒厂或酒庄是葡萄酒品质的保证。以法国布根地为例，同一座葡萄园可能为多位生产者或酒商所拥有。因此，选购红酒时，如果只看产区，有时也很难分辨出酒的好坏。此时，酒厂的声誉就是一项重要的参考指标。

在新世界，葡萄酒酒庄多指葡萄酒厂或公司，或是葡萄酒的注册商标。

二、酒庄等级

酒庄等级表明了葡萄酒酒庄在全国酒庄中所属的级别。如顶级的城堡酒庄、一级酒庄、中级酒庄等。拉图庄、木桐庄等酒庄是法国的一级酒庄。图 1 中的Grand Cru 列级名酒庄，是法国葡萄酒中的最高等级。

三、收成年份

年份标识，即按照酿酒葡萄的采摘年份进行标识区分。在购买红酒时，年份是一项重要的参考因素。这是因为年份酒的好坏，不仅取决于时间的久远程度，也取决于当年所收成的葡萄的品质。即使是来自同一片葡萄园，不同年份出产的葡萄酒，酒质也会有很大的差别。

通常，年份酒的酒瓶包装上，都会有很醒目的年份标志。如图 1 中的 1995，就表明了酿制这瓶酒的葡萄是在 1995 年采摘的。

四、产区及等级

通常，旧世界的产品，在酒标上就会标出酒的等级高低。如图 1 中的产区及等级，就标明了产区是圣祖利安村，等级为法定产区酒。这是法国葡萄酒中的最高等级。

就传统的葡萄酒产地来说，酒标上的产区名称是一项重要信息。知道是某个产区的酒后，真正的品酒客就能大略知道该酒的特色和口味。一些葡萄酒产地的名称，甚至就相当于该酒的名气。

而在新世界，一般直接标明大范围的区域产地和区域产地里的特定产地。有的还会标明

CRU BOURGEOIS
DEPUIS LE CLASSEMENT DE 1932

CHÂTEAU
HOURTIN-DUCASSE

HAUT-MÉDOC
APPELLATION HAUT-MÉDOC CONTRÔLÉE

MIS EN BOUTEILLE AU CHÂTEAU

PROPRIÉTAIRES-EXPLOITANTS MARENGO PÈRE ET FILS À ST-SAUVEUR-DE-MÉDOC
PRODUIT DE FRANCE

出产的葡萄园，如加州产地、芳德酒园等字样。通常，酒标上的产地资料越详细，标注的产地范围越小，红酒的品质就越能得到保证。

五、酒精浓度

酒标上通常以"%"标示酒精的浓度。葡萄酒的酒精浓度通常在 8~15%之间。波特酒、雪莉酒等加烈酒的浓度比较高，约在 18~23%之间。图 1 中的大宝酒的酒精浓度为 12.8%。

六、净含量

葡萄酒的一般容量为 750ml。当然，也有专门为酒量较小的人所设计的 375ml、250ml、185ml 容量的葡萄酒，以及为多人饮用和宴会设计的 1500ml、3000ml 和 6000ml 容量的产品。

七、装瓶信息

装瓶信息往往会注明葡萄酒在哪，或由谁装瓶。通常情况下，装瓶者不一定就是酿酒者。装瓶者一般包括酒厂、酒庄和批发商等。

如果是酿酒厂自行装瓶的葡萄酒，酒标就会标示"原酒庄装瓶" （如图 1）。这种由原酒庄装瓶的酒一般要比酒商装瓶的酒更珍贵。

八、产酒国名

即指该瓶红酒的生产国。

九、其他信息

根据各国法律要求标注的其他基本信息，如葡萄品种等。

葡萄品种是指酿制葡萄酒所用的葡萄的品种。旧世界的原产地制度把葡萄品种隐含定义在产地信息里。除德国和法国阿尔萨斯外，旧世界酒的酒标上一般不标品种。而新世界葡萄酒酒标上多标有品种，但这并不是说，所有新世界葡萄酒的酒标上都会标示葡萄的品种。如美国规定，一瓶酒中含某种葡萄 75%以上时，才能在瓶上标示该葡萄品种的名称。

对于资深的红酒客来说，酒标上的信息非常重要。如通过葡萄酒的年份，他们就可以知道葡萄的生长过程是否完美，甚至可以知道该酒是即时饮用好，还是要多储存几年再饮用更好。

我们平时所说的葡萄酒标签通常指的是正标。其实，除正标外，葡萄酒还有背标。背标一般贴在葡萄酒的背面。它通常能传递更多的信息，以便消费者对酒有更全面的了解。

按照我国的进口规定，进口葡萄酒的背标上需要标注的中文信息包括葡萄酒的名称、进口或代理商的名称、保质期、酒精含量、糖分含量等。

红酒年份

一般人在购买葡萄酒时，总是把年份当成唯一的依据。他们认为，只有被酒评家评为好年份的葡萄酒才是值得购买的。

那么，年份到底是不是红酒的品质指标呢？答案为：年份是红酒的品质指标，但它不是唯一的指标。

一、年份的含义

红酒的年份，并不能单纯地解释为红酒的生产日期。简单地说，它是指用哪一年的葡萄酿的酒。

目前，葡萄酒行业的现行规定是原国家轻工业局在 2001 年颁布的《葡萄酒生产管理办法（试行）》，其中涉及到年份的规定为：葡萄酒年份是指葡萄采摘酿造该酒的年份。其中所标注年份的葡萄酒含量不能低于瓶内酒含量的 80%。至于企业标注年份的行为是否应该严格控制，该办法中还没有相关的规定。

要注意的是，年份绝不是越久远越好。如国内的一份调查研究结果表明，在最近的 5 年中，2002 年出产的葡萄就明显比 2001 年出产的葡萄要好。

二、气候对年份酒的影响

葡萄是一种多年生植物。由于各个年份的气候有所差异，因而不同年份的葡萄浆果质量会有区别，进而使不同年份的葡萄酒质量也有了高低之分。即使是在同一个年份里，如果气候不同，各地出产的红酒的口味和品质也会有很大的不同。

目前，意大利、西班牙和新兴的美国、澳大利亚、南美等地区，都是葡萄酒的大宗产区。这些国家大都拥有较稳定的气候。

要了解多变的气候对葡萄酒的影响，我们仍然以法国为例进行说明。因为地形的不同，法国大约可以分成三种主要的气候形态。

★ **第一种是南部的地中海型气候区。** 由于靠近地中海，该地区的气候表现为天气和煦，阳光普照。因此，该地酿造的葡萄酒通常酒精含量较高，如普罗旺斯产区。

★ **第二种是靠近大西洋的温带海洋性气候区。** 这里的气候湿冷。因此，该地酿制的葡萄酒大多拥有坚实的结构，如波尔多产区。

★ **第三种是在内陆的大陆型气候区。** 这里的冬天干燥寒冷，夏秋两季气候较温和。因此，该地生产的葡萄酒通常更优雅细致，如布根地产区。

在认识了基本的地理条件后，我们也可以很快地知道：如此多变的气候形态是很难在同一个年份里都酿造出好酒的。

三、影响年份酒质量的天气因素

好年份的定义是指那些年份的天气十分适合葡萄的种植。因此，影响年份酒质量的天气因素，指的就是影响葡萄生长的天气因素。其中包括温度、阳光、雨量、湿度以及有无冰雹霜冻等。通常，用那些日长夜短、温差小、雨水少的地方出产的葡萄酿制出的红酒，其品质更优良。

1.温度

温度对葡萄的生长影响很大。如葡萄要经过低于零度的冬眠时期，春天才会发芽。若当年的温度高于零度，则葡萄将无法发好芽。

此外，温度还将影响到葡萄的成熟度和酸度。温度够高能使葡萄成长时更甜。然而，温度并不是越高越好。温度太高，反而会使葡萄停止生长，更有甚者会将未成熟的葡萄烤干，使该葡萄无法再酿酒。

2.阳光

阳光会影响到葡萄皮的颜色、单宁和厚度。红酒的颜色和单宁全部来自外皮。如果阳光不够充足，那么，外皮将无法产生大量的红色素，最终将导致红酒的色泽不够漂亮。

3.雨量

雨水需要量的多寡，要看葡萄生长到哪个时期而定。若是葡萄发芽后，为了使叶子成长，便需要大量的水分。而在葡萄开花时，却不能下太多的雨。否则，花掉光了便不能再结果实。还有一种说法是：采收季时，雨水不能太多。否则，葡萄酒的味道会变淡。

4.湿度

该因素是根据雨量和空气中的水分含量而言的。如果空气太潮湿，则葡萄树容易产生疾病，尤其是容易滋生霉菌。因此，适当的湿度是必要的。

5.霜害

当霜结得过多时，除了会减少葡萄的产量外，还会使葡萄的成熟延后，而且容易造成当年的葡萄成熟度不佳，最终导致无法酿出好酒。

6.冰雹

冰雹会使葡萄的收成减量。此外，酿成的葡萄酒也常常会带有梗味，从而影响到酒的整体质量。

有的酒之所以不强调年份，是因为该地区的气候稳定。因此，葡萄酒每年的味道都十分接近，不再是哪一年好哪一年不好，而是每年都一样。如南美的阿根廷，该国属于沙漠型气候，只要控制好雪水的灌溉，几乎每年都是葡萄的好年份。

再比如 1997 年，虽然它的年份评分并不好。但是，在某些地区，该年仍然出现了许多好红酒。它们不但颜色深、单宁多、口感均衡，而且也有不错的酒精浓度，并且可以长久储存。因此，我们说年份的重要性并不是绝对的。

红酒价格

在中国，红酒一直被视为贵族酒。好红酒的价格更是非常昂贵。澳洲富隆国际酒业有限公司葡萄酒顾问杨坊在接受采访时说："一瓶原装进口的红酒，连经销者自己都难以消费得起！"正因如此，红酒被贯上了奢侈之名。

目前，在我国市场上销售的进口红酒的价格悬殊巨

大，从几百元到上万元不等。以法国的红葡萄酒为例，有的红葡萄酒1~2美元一瓶，有的红葡萄酒几百美元一瓶。一瓶1982年产的拉菲酒，居然能卖到2.3万元左右。

这些进口红酒之所以具有如此大的身价差别，主要是由葡萄的生长环境和酿造条件决定的。其具体表现在以下五个方面。

一、葡萄生长的地方

法国布根地和波尔多的红葡萄酒在世界上是最出名的。但并不是该地区所有的红葡萄酒，都是最好的红葡萄酒，而只是其中的几个村镇，几个葡萄园，经过几百年酿酒实践检验后，被证明能酿造出顶级质量的红葡萄酒。

二、葡萄树的年龄

幼小的葡萄树虽然能结葡萄，但是，其葡萄成熟后的营养成分不全。因此，在国外，三五年葡萄树结的果实通常不予采收。在法国，酿造顶级红葡萄酒的葡萄园，葡萄树的树龄一般都有30~60年。一般来说，葡萄的树龄越大，酿成的红葡萄酒的质量越好。

三、葡萄树的产量

同一棵葡萄树，或者说同一亩葡萄，葡萄产量少的，葡萄的质量就好。这是由于葡萄树把有限的营养成分，都集中到了少量的葡萄果实中。

在法国，生产顶级红葡萄酒的庄园，每公顷产酒2500~3500升，每亩葡萄的产量只有500~600千克。

四、红葡萄品种

红酒的质量与红葡萄的品种有着密切的关系。通常，法国的顶级红葡萄酒，一般都是采用 80% 左右的赤霞珠葡萄和 20% 左右的梅乐葡萄酿造而成的。

五、酿造红葡萄酒的工艺

红葡萄酒的酿造工艺相差很大。通常，大众化消费的红葡萄酒，只经过不锈钢桶短暂的储存周转，当年内就要卖完。而好的红葡萄酒，则要经过十几年的陈酿，等到它成为名副其实的"陈酿佳酒"后才出售。

由上面的分析可以看出：红酒的价格存在如此大的悬殊是完全有道理的。

下面是一份进口红葡萄酒产品的价格表 (其中的价格仅供参考，具体价格应以市场的实际标价为准) 。

序 号	产品名称	规	单	销售价
001	圣朱利 2003 年干红	750ML	瓶	168.00
002	奥比莱 2004 年干红	750ML	瓶	288.00
003	豪丁·杜卡斯 2003 年干红	750ML	瓶	580.00
004	小拉菲 2002 年干红	750ML	瓶	980.00
005	都夏美龙 拉菲副牌	750ML	瓶	790.00
006	拉菲 1982 年干红	750ML	瓶	23000.00
007	奥比昂 1997 年干红	750ML	瓶	3800.00
008	木桐 2000 年干红	750ML	瓶	8800.00
009	拉菲 2000 年干红	750ML	瓶	10800.00
010	拉图 1997 年干红	750ML	瓶	3800.00

一瓶好的红葡萄酒，不仅可以卖到高价格，而且还能用来收藏。一般情况下，红酒的价值会随着时间的延长而提高。如 1996 年 10 月 2 日，在巴黎艾菲尔铁塔举行的一场拍卖会上，一瓶 1846 年的拉非特—罗特希尔德庄园红葡萄酒，竟拍到了 52000 法郎的高价。

红酒品饮准备

品尝环境

　　一般情况下，红酒的重要品尝活动，都是在国际标准评酒室内进行的。如果没有标准的评酒室，通常也要找一个宽畅、明亮、空气流通、无污染、无噪音、温度适中而稳定的房间。

　　红酒的品尝环境就是对品尝间或普通房间的光线、室温、气味，噪声、空气流动，杯子的形状，酒的温度，品尝者的健康状态、情绪等的要求。

　　首先，品尝间应该使人感到舒适、轻松。比如在桌面铺上白色桌布（白色桌布最适合鉴赏红酒的颜色），准备漱口的纯净水和无味面包，在室内不要吸烟，评酒者也不能用化妆品。

　　其次，开酒前，必须注意室温是否恰当。大部分的红酒适合于在较低的室温下饮用，尤其是在 18℃ 下品尝最好。如果温度过低，可以手捧着杯身，利用体温给酒加热。不起泡的粉色葡萄酒也是红酒家族中的一员，它们适合在冰镇后饮用。

　　最后，评酒的时间一般应选在午饭前最好，如上午10：00—12：00左右。这是因为此时人的感觉最敏感。

　　除此之外，品尝间还应配备可饮用的自来水龙头。至于酒杯，则最好选用国际标准玻璃杯。另外，在品酒时，评酒者最好是单独操作，互不干扰。

品鉴红酒

各种红酒的最佳品饮温度

红酒类别	最佳品饮温度
年轻单宁重红酒	14~17℃
成熟红酒	15~18℃
年轻味淡红酒	12~14℃
新酒	10~12℃
玫瑰红酒	7~10℃

开瓶

　　开启红酒的最佳时间是在饮用红酒前的一个小时左右。通常，同一品牌同一年份的红酒，如果开启的时间不同，其口感也不尽相同。因此，每开一瓶红酒，等待品饮者的就是不同的惊喜。这种差异也可以说是红酒永远的魅力所在。

　　开启红酒是一门优雅的技巧。最完美的开瓶过程应该是这样的：首先，将酒让客人观看。展示面应使客人能直观地看到红酒的标签，并说出酒的产地和年份。接着，要选择一把标准的开瓶器开启红酒。完整的开瓶步骤如下：

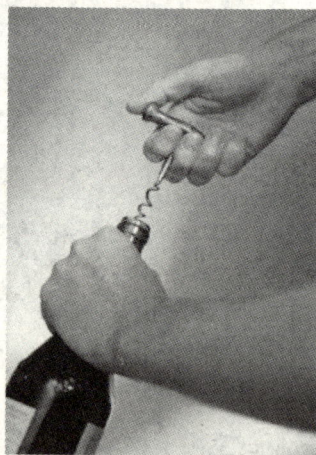

第一步：去除瓶口的封套

　　使用标准开瓶器附戴的特殊小刀沿着瓶口凸起的上缘或下缘，去除掉瓶口的封套。要注意的是，割开铅封的地方，应在瓶颈上方的外凸部分。只有这样，才可以在倒酒时避免红酒接触到铅封。

第二步：清除脏物

用湿布擦拭木塞顶部可能附着的霉和灰尘，并将脏物擦拭干净，以免开瓶时，这些脏物掉入酒中，破坏了酒的口味。

第三步：用开瓶器拔除软木塞

擦拭完脏物后，就可以将开瓶器套在瓶口。通常，开瓶器上的可活动的不锈钢把手可以套紧任何尺寸的瓶口；然后，用一只手握紧把手以固定好瓶子；

接着，再用另一只手拉动外侧的金属把手。此时，钻头已经由上至下插入木塞之中，再稍微用力让把手复位，软塞便可以附在钻头之上从瓶口拔出了。

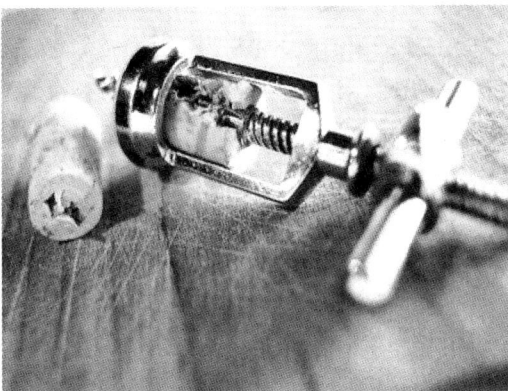

拔除软木塞时，可以使用杠杆开瓶器的螺旋形改锥将软木塞平稳且缓慢地提起。

要提醒大家注意的是，当开瓶器深入到木塞中时，千万不能刺穿木塞，以免木屑掉入酒里。

另外，当软木塞即将脱离瓶口时，应用手将它轻轻拉出。如此一来，就不会发出太大的响声。在整个开瓶过程中，应该尽可能地保持安静工作，以此确保瓶中的沉淀不被混浊。

第四步：闻闻软木塞的气味

软木塞拔出之后，最好顺便闻闻它是否有异味，从而确定红酒是否变质。若闻到很重的木塞味、硫磺味、酸味或霉味时，就表示红酒已经变质。若软木塞散发出花香、果香等芳香味，则表示该酒可以放心饮用。

开瓶器被红酒徒们称为"侍者之友"。真正的红酒客对开瓶器都非常讲究。这是因为使用不合适的开瓶器，会破坏瓶塞，使塞屑掉入酒中，坏了酒的兴致。

通常，一个普通的开瓶器只有钻头和把手，开起酒来不但费时、费力，而且容易震动酒瓶，坏了好酒的味道。

下面，为读者介绍一套 Baccarat 开瓶器，它是目前设计得很科学的一套产品。据说，在香港已经卖到了 1500 元一套。

这套开瓶器包括一枚酒盖戒刀、两支钻头、一个支架以及一支不锈钢锻造的机械式开瓶器主体。其结构相当复杂，一共有三只把手，最下方的两只把手用来夹紧瓶盖，外侧的把手则是用来操纵钻头的。精确的齿轮设计使得转动钻头的复杂过程转化为拉动把手的简单运动。使用这套开瓶器时，只需要 3 秒钟的时间就可以完整地取出软木塞。

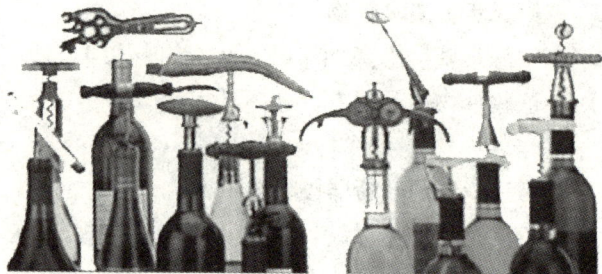

换瓶

如果有幸品尝一瓶 30 年代的红酒，却发现它有许多沉淀时，千万别以为它坏了而把它扔掉。此外，储存多年的红酒，通常还会有一股异样的腥味，直接品尝不能体会其真实的口感。基于这两点，红酒不能在开瓶后立刻饮用，而要预备一个"伺酒"的过程。

通常的做法是：将红酒从酒瓶倒入另一个容器，借此分离瓶内的沉淀，并唤醒红酒，这称之为换瓶。即把已开瓶的酒倒入一个专用的空瓶内的过程，有时也被称作醒酒或滗酒。被倒入葡萄酒的容器被称为醒酒瓶或滗酒瓶。

一、沉淀物的存在

看到红酒中的沉淀物时，不了解的人难免要产生疑虑：是酒体变质？或是酒质低劣？

其实，这是因为红酒中的单宁在陈年的过程中会形成粗重的分子，进而形成沉淀物。加上葡萄酒常年卧放储存，果浆中释放出糖

分的作用，沉淀物会挂在瓶壁上，从而形成挂樽现象。

事实表明，有挂樽的酒才能真正算得上是陈年好酒。挂樽是优质葡萄酒的特征。因此，我们说，沉淀挂樽是葡萄酒酒体成熟的正常现象。它丝毫不会影响到酒的果香和口感，更不会对人体有害。一般来说，酒体浓度越高的葡萄酒，沉淀也越多。

二、红酒的呼吸时间

开瓶之后让酒透透气，呼吸一会，能够使红酒的香味更醇。其科学依据是：开瓶透气可以使酒稍微氧化，去除不好闻的还原气味。尤其是未到成熟期的红酒，先开瓶透气，可避免喝酒时单宁太强。

那么，让酒呼吸多长时间才是最适合的呢？

一般情况下，若该红酒为新酒，那么，呼吸的时间最好为半小时或者1小时。由于开瓶后酒与空气的接触面积不大，功效有限。因此，开瓶后再换瓶，将使酒有机会接触更多的空气。若该红酒为成熟期的红酒，则只需提前半个小时就够了。另外，陈年老酒通常结构比较脆弱，换瓶去渣后，最好尽快饮用。

要分辨一瓶酒的变化，最好的方式是开瓶后一次倒两杯酒出来，然后先饮用一杯，而另一杯则放置到最后再饮用。如此就能清楚地感觉出酒的变化。每瓶酒的变化时间都不一样，也许在10分钟、也许半个小时、也许在两个小时后。至于如何去发觉酒的生命力，则要靠品饮者的感觉与经验。

三、换瓶的作用

既然酒的挂樽现象是正常的表现，那么，我们应该如何正确对待挂樽呢？一些酒商为了表面的观感，往往用高密度的过滤器过滤沉淀物。如此一来，不仅破坏了葡萄酒的厚重口感和果香，还过滤掉了葡萄酒里丰富的营养物质。

因此，这种做法并不可取。正确的方法应该是在开瓶后换瓶。换瓶的作用主要有以下四点。

★ **分离红酒中的沉淀物**。这也是换瓶最早的目的。虽然喝下这些沉淀物并不会对人体造成伤害。但是，沉淀物的存在将损害到红酒的风味。因此，必须将其除掉。

★ **增加红酒与空气接触的面积**。这样一来，就可以减少醒酒的时间。

★ **祛除酒中的异味**。对于陈年红酒，换瓶有助于香气的释出；而对于年轻红酒，换瓶则能使品质不佳的红酒消散异味，使红酒喝起来口感更顺。

★**方便品饮者欣赏**。通过换瓶，可以使品饮者更好地欣赏红酒的色泽美，从而给品饮者留下一种更高贵的感觉。

当然，换瓶也有其不足的地方。即红酒与空气接触越久，酒质越容易消散。如陈年红酒的酒质脆弱，接触空气的时间不宜过长。另外，当红酒长期暴露在空气中时，如果使用的葡萄品种的抗氧化能力较差，那么，红酒将更容易黯然失色。

四、醒酒器的进化

随着红酒的发展，醒酒器也得到了不断进化。到目前为止，醒酒器共有三代产品。下面以法国的水晶玻璃酒瓶为例，为读者介绍醒酒器的发展进化过程。

第一代醒酒器是我们通常能够看到的经典水滴形结构，上窄下宽。这种醒酒器在市场上最为多见。当红酒倒入瓶中大约五分之一的高度，且水面与空气的接触面积达到极大时，使用该醒酒器最为合适；

第二代醒酒器的瓶口并非在正中央，而是开在侧上方。酒瓶的形状由两个三角形组合而成，原理是让红酒与空气的接触面积更大；

第三代醒酒器有着艺术品的味道，与第一代醒酒器样式接近，上窄下宽，修长的瓶颈线条相当典雅。不同的是，这支醒酒器的底部更加宽大，其最宽处的直径超过了 20 厘米。另外，该瓶的瓶口还配有一个玻璃漏斗，方便倒入红酒。

醒酒器进化的根本目的，就是使红酒与空气的接触面积达到最大，同时又不至于让酒香偷偷溜走。通常来说，祛除腥味后，还能够把红酒的原味保留下来，才能够达到最高的品酒境界。

斟酒

随着社会交往的增加，不管是在家里招待客人，或是出席宴会都离不开斟酒。斟酒看起来非常简单，其实，斟酒的环节也很讲究。

一、做好斟酒的准备

斟酒时，要尽量减少手部与酒瓶的接触。这是由于温度对红酒的口味有很大的影响。因此，拿酒时最好是用拇指顶着瓶底，四指指尖轻压瓶身使之平衡。如此一来，就可以使温度最高的手心远离酒瓶。

虽然红酒中有微沉淀物是正常的。但是，在取酒或招待客人拿酒时，千万不要摇晃酒瓶，以免红酒中的沉淀物浮起，从而影响到酒的口味。

其实，红酒瓶的底部中间突起，四周下凹，也是为了使沉淀处于凹处。这样的设计，可以防止斟酒时沉淀物被轻易地倒出来。

二、斟酒方法

在为客人斟酒时，应注意以下几点。

第一，主人应该先试酒。如果感觉不错，再为主座客人倒一点酒，请他也品尝一下，从而判断他对酒是否满意。在得到他的许可后，才可为其他客人倒酒。

第二，斟酒时，应从第一主宾位置开始，按顺时针方向绕餐桌一次进行。另外，在给客人斟酒时，应手持酒瓶将商标朝向宾客，然后再示意一下。若客人有不同意的表示，应换成其他酒。

第三，在餐桌上，酒杯总是放在客人的右边。因此，斟酒时，也应站在客人身后右侧。斟酒姿势要正，左手托盘，右手持瓶斟酒。千万不要左右开弓，更不要将身体紧贴着客人，但也不要远离客人。同时，倒酒时要均匀用力，使酒柔和地倒出，以免摇起瓶底的沉淀。

第四，每次斟酒时，应以酒杯容量的三分

之一为度，最多不要超过三分之二。

　　第五，为了保有酒香，使升腾的酒香在杯口处留出一定的空间，要避免使酒瓶口与酒杯的距离太大。通常，以距离酒杯2厘米左右为最佳。

　　第六，在为客人斟酒时，如果客人的酒杯空了，需要及时询问是否再来一杯新的或再倒酒。如果酒瓶空了，也需主动询问是不是需要再来一瓶。

三、斟酒时的顺序

　　在大型的聚会上，通常会品尝到两三支以上的红酒，以期达到对比的效果。我们说，喝酒时应按照新在先陈在后、淡在先浓在后的原则饮用。同样的道理，斟红酒时也应遵循该顺序。

　　进餐时，一般在饭前，首先要给客人斟一小杯甜味较高的开胃酒，如威士忌、罗姆。用餐期间则是各色的红酒，也叫佐餐酒。如果佐餐酒包括白酒和红酒两种，则应先倒白酒，再倒红酒。佐餐完后，最好斟一小杯白兰地之类的烈性酒，以助消化，这称之为餐后酒。

　　斟完酒后，接下来就要进入品酒的阶段。品酒是一个主观性很强的环节。下面，将对品酒的方法及品酒步骤等进行详细的介绍。

红酒品饮方法

　　品酒与酿酒一样，需要有丰富的经验与扎实的基础知识作为铺垫。1955年，波尔多葡萄酒工艺学院院长让·黑贝豪·盖荣教授开设了品尝这门学科，后来经贝淖 (Peynand) 教授几十年的教学实践又丰富和完善了该学科。红酒的品尝有很多讲究，只有掌握了正确的品饮方法后，红酒才能喝得更有乐趣。

品酒的方法

　　根据品尝的目的不同，红酒的品尝方法可以分为以下几种。

一、分级品尝法

　　分级品尝法的目的是为了排定同一类型红酒的不同样品的名次。目前，各种酒类评优都采用了这种品尝方法。

二、集体品尝法

　　由于每个人的主观感觉不同，个人喜好不同，从而就会有不同的品尝描述。

　　为了消除这种个性化差异，可以将品酒人组成一个小组，几个人共同品尝，每个人单独操作，互不干扰。最后，再将大家单独评分的结果进行综合平均。如此一来，便可以得到最接近客观实际的品尝结果。

三、质量检验品尝法

　　质量检验品尝法是为了确定红酒是否达到已定的感官质量标准，从而排除那些不符合标准的产品。

目前，欧盟和国际葡萄与葡萄酒组织成员国的各类 AOC 葡萄酒的感官质量检验，采用的就是这种品尝方法。

四、市场品尝法

市场品尝法是红酒生产者为了确定各地消费者的口味，或为了了解消费者对其所提供产品的反应而组织的品尝。如借此可以了解哪些地区的人更喜欢甜味，哪些地区的人更喜欢酸味等。

五、好恶品尝法

采用好恶品尝法的目的，是为了确定在多种酒样中品饮者最喜欢的样品。

六、分析品尝法

分析品尝法是通过对感官特性的全面分析，了解红酒的原料状况，生态条件的反应，工艺措施及其优缺点，红酒的现状，红酒中各种成分的和谐度，以及红酒今后可能的发展变化方向等。目前，该方法具有不可替代的地位。

品酒的基本步骤

红酒是一种很娇贵的东西。这句话的意思并不是说红酒的保质困难，而是说如果人们喝红酒的步骤不对，将无法品尝到红酒的精妙。

如今，有很多这样的年轻人：他们在酒吧里大喝特喝法国的干邑，苏格兰的威士忌，完全没有艺术情调，简直可以说是莽夫的行为。实际上，品酒应该分五个步骤进行，包括观酒、摇酒、闻酒、品酒及回味。

第一步：观酒

该步骤主要是为了检查红酒的品质以及鉴赏红酒的色泽。通常，真正的品酒专家，仅仅通过观看红酒的边缘，就能判断出红酒的年龄和质量。一般来说，层次分明的红酒多为新酒；颜色均匀的红酒，说明

它已经有了一定的年份；如果红酒的颜色微微呈棕色，则说明那可能是一瓶陈年佳酿。

红酒的颜色丰富多彩，具有多变性和多样性。透过酒杯，品饮者可以观察到红酒的色泽变化。总的来说，好的红酒从外观上看，应该是色调越浅越好。

根据观察目的的不同，观酒时应从不同的角度进行。如观看酒的清澈度、干净度、颜色的深度，以及是否有二氧化碳时，应从杯子正上方观看。观察红酒的色调、酒缘的宽度，及颜色的细微差别时，则从杯子45°斜角观看时效果将更好。

第二步：摇酒

缓缓地摇晃酒杯，会使酒中的醋、醚和乙醛释放出来，同时使氧气进入酒内，并与酒发生化学作用，使酒变得更醇厚，并使红酒的香味最大限度地挥发出来。

红酒入杯后慢慢摇动，在杯壁上会有少许红酒，这称之为挂杯。越是醇厚的酒，其挂杯现象会出现得越明显。

当怀疑所品鉴的红酒有瑕疵或异味时，还可以将酒杯以上下震荡的方式摇晃，以唤醒红酒中隐藏的及不易释出的杂味，并且印证察觉不佳的气味。

通常，摇酒的方法有两种。一种是拿起酒杯向内摇晃。采用该方法时，酒杯会悬空，若想晃动得更均匀，还需要掌握一定的技术。

另一种摇酒方法是用食指和中指夹住杯脚，整个手掌平贴杯底，将杯底压在桌面旋转。旋转时，力度应尽量放小。

第三步：闻酒

红酒中最令人欣赏的就是它的香气。在没有摇动酒杯的情况下闻酒，所感知的气味是酒的"第一气味"。那时，闻到的是红酒各种原始气味的结构性和纯度，而且还有一些比较封闭的气味（可能尚未凝聚成明显的气味）。

将酒杯旋转晃动后再闻酒，此时所感知的气味是酒的"第二气味"。由于酒杯中的葡萄酒液经过摇动后，会与空气接触，从而唤醒隐藏的气息。因而，此时更容易判断出杯中所释出的气味，品饮者也可以明显地感觉到，红酒的气味较先前更重，气味的发展也更加集中稳定。

闻酒时，可以从酒杯不同的位置寻找最明显的气味或红酒的典型气息，如杯口中央位置、杯口上缘等。

以下是形容红酒气味的常用词语：诱人的葡萄味、焦味、青涩、硫磺味、清淡、酒味薄弱、清亮、成熟、金属味、香草味、木塞味、霉味、综合味、果仁味等。

第四步：品酒

品酒重在一个"品"字。中国的白酒烈，烧喉，因此，饮用时通常要一口干。然而，红酒不能这样喝。只有仔细地品尝红酒，才能更好地体会出它真正的魅力。

首先，红酒入口后，要让它在口腔内多停留片刻，使酒布满整个口腔，并使其充分接触口腔内的细胞，以便品尝和评判它的细微差别口味。

其次，要用舌尖品酒。好酒通常是酸中带甜，少苦味。

最后，用舌头把红酒挤向嘴的两侧，用舌头的两侧品酒。感觉酒的气味是否恰到好处，并感受味道的特性（酸、甜、苦、辣、咸），以及酒的均衡度。几经品味后，再慢慢下喉。

只有按照这个步骤去做，才能使红酒的味道更好地显露出来。品饮者也才能更好地感受红酒千变万化的味感。

第五步：回味

品过红酒后，还应该仔细回味一下。即吞下含在口中的红酒，感受它残留在口中的余味及余韵的长度、均衡度，并将嗅觉及味觉的印象综合在记忆中进行回味。

一位品酒师说，他品酒后回味的是：酒是清淡，中度浓郁，还是浓郁？单宁太强或太涩？令人感到愉快吗？余味能持续多久？

当您有机会品尝到红酒时，也应该好好回味所品的酒。想想品酒时的体验，再问自己几个问题，从而加深对该酒的印象。如：

★ 酒是清淡，中度浓郁，或浓郁？

★ 单宁太强或太涩？或没有单宁了？

★ 余味持续多久？

★ 令人感到愉快吗？您喜欢这瓶酒吗？

★ 价钱值得吗？

品饮的注意事项

红酒是一种文化，品酒更是一门学问。品饮红酒有很多讲究，一旦偏离，将得不到预想中的效果。专家研究表明：饮用红酒时，应做到三适一常。即适时、适量、适当方式和常饮。

一、适时

红酒历来是作为一种佐餐饮料而存在的，它总是配合其他食物一起享用。因此，红酒最好的饮用时间应该是在进餐时。此时，红酒能与其他食物一起进入消化阶段，而且红酒的吸收速度较慢，约需 1~3 个小时，这有利于红酒的活性氧消除功能的充分发挥。

进餐时饮用红酒，不仅能增进食欲、帮助消化，还可以阻止胃对乙醇的吸收，使血液中的乙醇浓度减少 50%。

二、适量

虽然红酒有益健康，但也有饮用适量的限制。暴食暴饮只能物极必反。因此，提倡科学适量的饮用红酒非常重要。

那么，究竟饮多大的量才算适度呢？

对于这个问题，各国的报道有很大的差异。美国专家认为：饮用葡萄酒的限量为 2~2.5 杯，每杯容量为 100ml。我国专家则建议每天可饮用 60~150ml，酒量大的人可以稍微高出该限量。此外，还有不少专家认为，红酒的最佳饮用量应以每天约 200ml 为宜。

联合国世界卫生组织 (WHO) 则指出：适当饮酒基准量是每天相当于 10~30 克酒精的含量。根据该标准，人们可以测算出每天饮用多少红酒才算适量。

三、适当方式

空腹饮酒不利健康，如果能搭配理想的佐菜一起享用，不仅可以使品饮者大饱口福，还能减少酒精对人体的危害。酒精经肝脏分解时，需要多种酶和维生素的参与。酒的度数越高，酒精含量越大，所消耗的酶与维生素就越多。因此，一定要及时补充这些物质。

富含蛋氨酸与胆碱的食品是佐菜的最佳选择，如新鲜蔬菜、鲜鱼、瘦肉、豆类、蛋类等。同时，要少用咸鱼、香肠、腊肉等食物配酒。这是因为该类熏腊食品中含有大量色素与亚硝胺。当它们与酒精发生反应后，不仅伤肝，而且会损害口腔与食道黏膜，甚至会诱发癌症。

此外，常饮酒的人不要忘记喝水。每天的喝水量应在 1~1.5 升左右。

四、常饮

酒有白酒、啤酒和果酒之分。从健康的角度出发，以喝果酒之一的红葡萄酒为最佳选择。

红酒具有很高的营养价值和保健作用，常饮有益身体健康。研究表明：法国人之所以很少患心脏病、肥胖症等常见疾病，就是得益于他们常饮红酒。

每月饮酒指南

一月

小寒和大寒一般集中在阳历的一月。这是一年中最寒冷的隆冬季节。此时，人们的身体往往需要喝一些温暖的酒来驱寒。

因此，适合于该季节的红葡萄酒，应该是浓郁一些、酒精度高一些的酒，如酒精度达到 14 度的葡萄酒。如果是在北方，考虑到室内有暖气而且气候干燥，选用冰的、凉凉的白葡萄酒也很适合。其他的葡萄酒种类则以雪莉和波特酒为好。

二月

二月里来是新年。在这个月中，经常会有各种聚会，如家庭聚会、公司聚会等。这些餐会主要以热闹、干杯为主。因此，建议大家不要选用太贵的红酒。当然也不要买那种葡萄产量过高，葡萄收成时糖度太低且加了不少糖进行发酵的国产葡萄酒。否则，干杯多了，第二天容易头痛。

在这种场合喝酒，最好是选用清淡、酒性温和的红葡萄酒。如果喝国产酒，可以选用王朝或烟台中粮的葡萄酒。这些酒的品质基本上都有保证，而且价格合适。如果喝进口酒，则应挑选那些价格不贵的日常餐酒。

三月

三月，一般是农历春分的时节。此时，在南方，正是桃花盛开的季节。而在北方，有的地方依然带些清冷。因此，该季节最适合喝酒体中等的红葡萄酒，层次丰富的红葡萄酒也可以。

这两类酒，在每个时间段的香气都不相同。虽然它们的价格稍贵，但是，随着时间的变化和红酒的摇晃，它们能不停地带给品饮者不同的风味和惊喜。因此，不能不说是一种好的享受。

四月

四月最适合喝的是有花香的白葡萄酒。如德国的白葡萄酒，以及法国阿尔萨斯和波尔多的白葡萄酒等都是不错的选择。

在这个月份中喝红葡萄酒的话，容易给人一种苦涩的感觉。因此，建议选用甜葡萄酒，如法国的波尔多和贝杰哈克的梅乐。

五月

葡萄酒富含大量钾、钠等矿物质。在炎炎夏日饮用一杯葡萄酒,能迅速、有效地补充钾、钠等离子,避免这些必要的离子随汗液的大量排出而造成体内的失衡。

中国酿酒协会葡萄酒委员会秘书长王恭堂也指出:葡萄酒含有人体需要的多种营养元素,能迅速补充夏日人体的高消耗。冷藏之后,入口清爽,能有效降温。

六月

六月是夏季的开始,是白葡萄酒的季节。白葡萄酒带有的迷人愉悦的酸是夏天清凉的风情。如果吃中餐的话,选用白酒将比红酒更适合。

七月

七月正是炎炎夏日,闷热的天气常常会将人蒸得透不过气来。那些体质格外热的人,身体会更敏感。此时,如果来一杯冰得凉凉的玫瑰红酒,不仅能凉爽饮用者的身体和心情,还能补充其身体所需的维生素。

此外,千万不要喝经橡木桶陈年的红葡萄酒。这主要是由于橡木桶一般都是用火熏烤过的,喝经它陈年的红葡萄酒将会使饮用者上火。

八月

八月也被称为"鸡月"。此时,喝一杯冰的凉凉的粉红葡萄酒,不仅能舒爽胃口,更能粉饰喝酒人的心情。最出色的粉红葡萄酒来自法国的普罗旺斯。中国出产粉红葡萄酒的厂家,一是山西怡园的粉红,一是王朝的粉红起泡酒。

对于口味重的人来说,也可以选择新世界的红酒,或者是陈年的法国红葡萄酒。

九月

九月是葡萄收获的季节,是葡萄酒的酒月的开始。在这个月中,有一个最隆重的节日,就是中秋节。

最配月饼的酒不是红葡萄酒,而是甜酒。因此,如果选酒的话,最好是选择甜酒。月饼配红酒,吃起来会有一种苦味。而配甜酒的话,既好吃又不会腻。这些甜酒可以是贵腐酒、冰酒、晚收成葡萄酒等等。它们通常都属于白葡萄酒种类。

十月

十月，在吃客的眼中，又叫"蟹秋"，那么，我们应该喝什么酒来配蟹呢？

实际上，葡萄酒中最配大闸蟹的不是红葡萄酒，而是西班牙的雪莉酒和陈年的葡萄牙波特酒。红葡萄酒之所以不适合搭配大闸蟹，主要是因为蟹是极鲜的食物，而红酒的单宁会破坏它的鲜味。

然而，酿造雪莉酒的是白葡萄，且该酒是用很老的桶来陈年的，陈年加强了酒的醇厚芬芳，其酒精度也与厚重的蟹味相当。至于波特酒，之所以推荐陈年波特，是因为年轻的波特更倾向于红葡萄酒的口味，如 RUBY（红宝石）波特就是如此。

十一月

十一月在中国的五行中属于水月。然而就气候而言，十一月却是一个干燥的月份，很容易使人的呼吸系统不舒服或出现口干舌燥的情况。

因此，建议大家在十一月喝白葡萄酒和甜葡萄酒。白葡萄酒可以滋润嗓子，而甜葡萄酒对于咳嗽很有好处。如果不喜欢甜的，也可以选择干白。

当然，其他的一些葡萄酒也是适合的，如玫瑰红葡萄酒、重一点但没有橡木味的白葡萄酒、粉红香槟、粉红起泡酒等都可以试试。

十二月

十二月在中国的传统节气里被称为大雪节。下雪的时候，如果能有暖暖的葡萄酒相伴的话，人的心情往往会豁然开朗。

雪夜煮酒驱感冒，就是针对葡萄酒而言的。黄酒和白酒都可以温热了再喝，而葡萄酒更可以煮来喝。

通常，煮的葡萄酒都是红葡萄酒。当然，不必选用太贵的红葡萄酒，普通的红葡萄酒就可以了。品饮者还可以根据自己的喜好搭配合适的调料。比如说，如果感冒可以放生姜，喜欢香料的可以放丁香、姜片、豆蔻、玉桂皮、白胡椒等，也可以放小金橘、橙皮、冰糖等。如果要润肺的话，则可以放梨。

红酒质量分析

　　品酒的乐趣不是去寻找醉意，而是仔细分辨不同红酒留在鼻腔内和舌头上的感觉的细微差别。

　　可以这样说，红酒是上帝送给人类鼻子和舌头的玩具。品酒则是嗅觉和味觉的游戏，它是一种充满感官协调的享受，必须做到眼到、鼻到、口到。即通过人的视觉、嗅觉、味觉对红酒进行观察、分析、描述、定义、归类及分级等，以此来评价酒的质量，测定酒的感官特性，并用一些专门术语翻译表达出来。

颜色

　　分析红酒的质量时，首先就是要观色，即"看"红酒的颜色。红酒的色泽是影响红酒感官质量的重要指标之一，它能传达出有关红酒质量的诸多信息。有经验的品酒者，可以通过观察红酒的颜色了解到红酒内在的品质。

一、红酒的色泽变化

　　红酒的颜色丰富多彩。它几乎包括了所有的红色，如宝石红、鲜红、深红、暗红、紫红、瓦红、砖红、黄红、棕红、黑红等。

　　首先，不同的红葡萄品种酿成的红酒，其颜色往往有所差异。赤霞珠、蛇龙珠、品丽珠等葡萄酿成的红葡萄酒，是鲜艳的红宝石色，北醇、公酿一号和山葡萄酿成的红酒则多呈紫红色。

　　其次，随着储存时间的延长，红酒的颜色也会不断变化。新酿成的红葡萄酒，颜色通常为鲜红色和紫红色；成熟的红葡萄酒，具有红宝石色或深宝石红色；而多年储存的红葡萄酒则具有棕红色或暗红色。

　　之所以会出现这种情况，是因为红酒的色泽主要是由单宁酸和葡萄皮的色素构成的。在红酒的储存过程中，红酒中的单宁会和花色素发生反应，形成单宁-花色素的复合物，使红酒带有黄色色调。

　　除此之外，红酒的颜色还与多种因素有关。其中包括葡萄的成熟度，酒的生产年份和地域，气候、温度以及加工过程中对红酒进行的各种处理和陈酿条件等。

如何稳定红酒的色泽，一直是红酒酿造工艺技术关注的焦点。

二、对红酒的观察

观察红酒的颜色，主要是看红酒的杯心及杯边处的表面色彩、色度以及红酒的质地。

1.红酒的表面色彩

色泽纯正、晶亮、富有光泽是健康红酒的基本素质。对于红葡萄酒来说，澄清度是其外观质量的重要指标。优良的红酒必须澄清、光亮。

通常情况下，澄清的红酒也具有光泽。如果一瓶酒的酒液缺乏光泽或浑浊不清，或有悬浮物等，说明该红酒存在质量问题。可以这样说，任何色泽晦暗的红酒都不是好酒。目前，大多数现代红酒的表面都是明亮清冽的。

2.红酒的色度

红酒的色度会随着红酒的藏酿而变化。倾斜杯子观察红酒的边缘时，往往会发现红酒的色度有深有浅。这种不同的深浅现象，说明了酒的年龄不同。

3.红酒的质地

好红酒的质地一般有两种：即丝样滑的质地（Silky texture）和奶油般滑的质地（Creamy texture）。这种质地通常是用其黏度术语来描述的，其中最为人知的就是粗纹。

粗纹指的就是附在杯边的像油似的液体的滴珠。它虽然不好听，却能够反映出葡萄酒的酒精度数、甘油含量及颜色提取的程度。

对于壮实的葡萄酿制的红酒，如温热气候中生长的卡百内·索维农，粗纹是好现象。然而，对于敏妙的布根地红酒来说，粗纹则说明红酒的酿酒手法过重，且过于依赖加糖。

三、如何观色

观色最理想的选择是在日光下进行。若在室内，则以普通灯泡为宜。

观色时，首先，用食指和拇指握住酒杯的脚柄部，将酒杯置于腰前，低头垂直观察酒的液面。然后，再将酒杯举到双眼的高度，从杯侧看液面，观看酒的颜色和透明度。

一般来说，巅峰状态的红酒拥有最丰富的天然葡萄红，而年代较远的红酒则会呈现棕红色。

四、描述红酒外观的评语

描述红酒外观的词汇，最常用的评语有以下三类：

★ **沉淀**：有沉淀、纤维状沉淀、颗粒状沉淀、酒石结晶、片状沉淀、块状沉淀。

★ **浑浊度**：略失光、失光、浑浊、极浑浊、欠透明、微浑浊、雾状浑浊、乳状浑浊。

★ **澄清度**：清亮透明、晶莹透明，像晶体，有光泽、光亮。

在法国，描述 AOC 级红葡萄酒的颜色时，常用的术语有：呈深红宝石色，颜色至美，或有红宝石的光泽，或是颜色浑厚。

香气

凡酒必有香，只是有的较浓郁，有的较清淡。葡萄酒的酒香是一个有特定意义的概念，与通常人们所说的酒香不大一样。它是指由品饮者的嗅觉器官(鼻腔) 所感觉到的香气和由味觉器官 (口腔) 所感觉到的滋味的总称。

通常，人们的味觉器官，只能感受酸、甜、苦、咸四种基本味道，而其嗅觉器官则可以感受到 200 多种以上的气味。因此，香气分析是品尝红酒过程中必不可少的一环。

一、香气的分类

红酒的香气取决于酿酒所选用的葡萄品种及质素。此外，酿酒的发酵方法及所用器皿也会影响酒香，如橡木桶。按香气来源的不同，可将优质红酒的香气分为三类。

1.果香

红葡萄酒的果香，来源于原料红葡萄的浆果，是葡萄品种所固有的香气。

因此，它也被称为葡萄品种香。

众所周知，葡萄的芳香物质，主要存在于成熟葡萄的果皮中。而红葡萄酒是带皮发酵的，由于发酵时的浸渍作用，葡萄皮中的芳香物质，自然就浸溶到了酒里。其次，酒精的发酵过程，也能加强芳香物质的溶解过程。因此，红葡萄酒的果香，比酿酒葡萄原料的果香要浓烈得多。

果香是红酒的灵魂，也是葡萄酒区别于其他饮料酒的特征。不同的红葡萄品种，具有不同的果香成分。因而，由它们酿成的红葡萄酒，其果香也有所不同。有经验的品尝者，通过闻香，就能辨别出酿造红酒的葡萄品种和葡萄原料的质量。

描述优质红葡萄酒果香的词汇通常有：果香较重、果香浓郁、果香饱满、有青草的气味、青椒的气味、有紫罗兰的气味、草莓的气味等。

2.酒香

酒香，也叫发酵香。它是红酒在发酵的过程中生成的香味。酒香主要取决于葡萄浆果里的含糖量。通常，葡萄的糖度越高，产生的酒香越浓。

另外，红葡萄酒在完成酒精发酵的过程中，酵母菌除了把糖分解成乙醇和二氧化碳外，还会伴生一些副产品，如高级醇、高级脂肪酸、各种醛类、酯类等。这些副产品中，也有许多成分是呈香物质。

酒香不是原生的，它们在储存中会逐渐失去嗅觉性质。一部分发酵香气成分极易挥发，往往在发酵时，就会被二氧化碳带走并消失。因此，新酒在陈酿初期需要养护。

此外，红葡萄酒在发酵时，必须选用生香好的酵母菌种。这样才能使发酵的酒香幽雅，并使红酒的酒香与果香相协调。

对于红酒来说，果香与酒香相比。果香为主，酒香为副，果香要浓于酒香。否则，就失去了葡萄酒的特性。

3.陈酿香

陈酿香，也叫橡木香。它来源于橡木桶陈酿的香气，是红酒在陈酿老熟的过程中形成的香味。如法国的 AOC 级葡萄酒，一般要在全新的橡木桶里储存两年左右的时间，才能获得橡木的香味和口味。

红葡萄酒长期在橡木桶里储存，会使酒的香气发生变化。其中包括由于与空气接触而形成的氧化型酒香和在瓶中储存，隔离空气而生成的还原型酒香。这其中又包含了两个变化过程。

一是红酒内的各种成分之间相互发生反应。如氧化反应、还原反应、酯化反应、水解反应等，从而改变了红酒的香气，使红酒有了老酒香，也叫陈酿香。

二是红酒对橡木成分的萃取作用。橡木的单宁、香草醛、香兰素等成分，溶浸到红酒里，会赋予红酒一种橡木香。好的葡萄品种中的高质量单宁成分，在老熟过程中能生成好的香气。如赤霞珠红葡萄酒的单宁变化，就会有很好的香气出现。

对于多年陈酿的高质量干红葡萄酒，香气的描述词汇包括：具有多层次的气味变化，香气丰满而细腻，浓郁的果香与陈酿的橡木香并至，香气丰富而变化多端，具有高傲、高贵、孤芳自赏的气质等等。

二、香气的鉴赏

对红酒的香气鉴赏，可以分为三个阶段。

1.第一次闻香

第一次闻香是指在酒杯中倒入适量的红酒后，马上开始闻香。此时，只能闻到扩散性最强的那部分香气。因此，这次的结果不能作为评价红酒香气的主要依据。

闻香时，应慢慢地吸进酒杯中的空气。方法有两种。一种是将酒杯放在品尝桌上，品饮者弯下腰来，将鼻孔置于杯口处闻香。使用该方法时，可以迅速地比较并排的不同酒杯中红酒的香气。

第二种方法是将酒杯端起，但不能摇动。品饮者稍稍弯腰，将鼻孔接近酒液而闻香。

2.第二次闻香

在第一次闻香后，摇动酒杯，使红酒呈圆周运动，促使挥发性弱的物质释放出来，从而进行第二次闻香。

第二次闻香包括两个阶段：第一阶段是在液面静止的"圆盘"被破坏后立即闻香。酒杯的摇动可以提高红酒与空气的接触面，促进香味物质的释放。第二阶段是摇动结束后闻香，红酒的圆周运动使红酒杯内壁湿润，并使其上部充满了挥发性物质，此时的香气最为浓郁优雅。

一般来说，第二次闻香，闻到的香气更饱满、更充沛、更浓郁，它能够比

较真实、比较准确地反应出红酒的内在质量。

3.第三次闻香

如果说第二次闻香所闻到的是使人舒适的香气的话，那么，第三次闻香则主要用于鉴别香气中的缺陷。

闻香前，先使劲摇动酒杯，使红酒剧烈转动。最极端的方法是用左手手掌盖住酒杯杯口，上下猛烈摇动后进行闻香。这么做，可以加强红酒中使人不愉快的气味的释放，如醋酸乙酯、氧化、霉味、苯乙烯、硫化氢等。

在完成三次闻香后，应记录所感觉到的香气的种类、持续性以及浓度，并努力去区分和鉴别所闻到的香气。

总的来说，红酒应具有柔雅、细腻的果香和优美和谐的酒香。如果一瓶红酒果味清淡，酒香不足或带有霉味、烂果味、青梗味等，则可判定该红酒质量较差。

口味

在完成观色和闻香以后，就进入了红酒的品尝阶段。这也是鉴赏红酒最重要的阶段。在对红酒的质量分析中，红酒的口味是最耐人寻味的。对红酒来说，更重要的就是要好尝好喝。只有好喝的红酒，才能给品饮者带来好的享受。

人的味觉细胞，主要分布在舌尖、舌的两侧、舌的根部及咽的周围。为了正确客观地分析红酒的口味，品尝红酒时，一定要掌握正确的步骤。

首先，将品酒杯送到唇边，轻轻吸饮一口酒。在该过程中，最重要的是控制好吸入的酒量。一般以 6~10ml 之间最佳。酒量过多，不仅加热的时间更长，而且很难在口内保持。相反，如果吸入的酒量过少，则不能湿润口腔和舌头的整个表面，更无法品出红酒本身的口味。除此之外，每次吸入的酒量应保持一致。否则，在品尝不同的酒样时，将失去可比性。

接着，不要急着把酒吞下去，而是要使吸入的红酒，均匀地在口腔内分布。如此一来，才能使口腔内的味觉细胞都能接触到红酒，并使红酒的味道在口腔中慢慢扩散开来，从而发挥出所有味觉细胞的功能，对红酒的质量作出准确的评判。

最后，当酒与舌面充分接触时，嘴唇应微张，轻吸一口气，使酒的香气充满整个鼻腔。然后要稍稍屏气，再将气从鼻腔吐出。这时品饮者将会感觉到令人激赏的浓郁甘醇充塞着整个鼻腔。接下来再让酒轻轻滑入喉咙，品其余韵。当把口腔中的红酒咽下以后，在很长一段时间里，口腔中还会留下红酒的余味。余味的长短和舒适程度，也是鉴别红酒口味的重要指标。

根据品尝目的的不同，红酒在口内保留的时间可为 2~5 秒。在这种情况下，往往不能品尝到红葡萄酒的单宁味道。如果要全面、深入地分析红酒的口味，也可将红酒在口中保留 12~15 秒。

葡萄酒中的呈味物质达几百种之多。因此，品尝红酒的滋味，也是千变万化、千差万别的。好的红酒，其口味应该是纯正、清新爽快、酒质丰满且余味悠长。如果酒中带有香精味或酒精味的话，则说明该酒不是用 100% 的原汁酿制的，对其质量应持怀疑的态度。

在口味上，红葡萄酒与白葡萄酒的最大区别就在于：红葡萄酒中的单宁、色素等多酚类化合物的含量高，涩味重。在酒下咽后的很长一段时间里，舌根及咽部周围会有收敛性感觉。而这是白葡萄酒所没有的。

如果一瓶红葡萄酒没有涩味，可能有两个原因：一是这瓶酒很差；二是这是一支和谐度非常好的上品酒。

在对红酒的色、香、味进行了仔细的质量分析后，还要对所品尝的红酒给予综合评价。或发表品评意见，或写出综合评语。评语的术语包括普遍性的和专业性的。普遍性的，如醇和、协调、爽口等；专业性的，如香气、香味、酒体等。

对葡萄酒评价的标准不是一成不变的，它应该根据整个行业的发展有所调整。下表为葡萄酒的几种不同的数字评价标准。

国家与地区	外 观	香 气	口 感	总体质量协调性或典型性	满 分
中国	20	30	40	10	100
美国	□ 4	6	8	2	20
意大利	16	24	24	36	100
法国	10	20	30	--	60
国际葡萄酒局	4	4	12	--	20

小知识

法国葡萄酒的真假鉴别

第一步，看酒瓶的外观

★ 看酒瓶标签印刷是否清楚？是否仿冒翻印？

★ 看酒瓶的封盖是否有异样？有没有被打开的痕迹？

★ 看酒瓶背面标签上的国际条码是否以 3 字打头。法国国际码是 3。

★ 看酒瓶背面标签上是否有中文标识。根据中国法律，所有进口食品都要加中文背标，如果没有中文背标，则有可能是走私进口。因此，其质量不能保证。

第二步，看葡萄酒液

★ 看葡萄酒的颜色是否自然？

★ 看葡萄酒中是否有不明的悬浮物？ (注：瓶底的少许沉淀是正常的结晶体)

★ 酒质变坏时，颜色有无浑浊感。

第三步，看酒塞标识

打开酒瓶，看酒塞上的文字是否与酒瓶标签上的文字一样。在法国，酒瓶与酒塞都是专用的。

第四步，闻葡萄酒的气味

如果葡萄酒有指甲油般呛人的气味，则说明该酒已经变质。

第五步，品葡萄酒的口感

★ 饮第一口酒，酒液经过喉头时，正常的葡萄酒是平顺的，假冒的酒则有刺激感。

★ 咽酒后，如果残留在口中的气味有化学气味或臭气味，则说明酒的口感不正常。

★ 好葡萄酒饮用时应该令人神清气爽。

红酒的选用

如何点酒

从点酒中，可以看出品酒者的品位、素养和水准。因此，我们应该懂得一些点酒方面的知识。否则，不仅容易泄露底气，而且容易被餐厅欺骗。下面的规则就是点酒过程中应关注的要点。

一、选酒

葡萄酒牌通常不会摆放在餐桌上。只有在顾客需要时，才会由服务人员取出。这是餐饮业的惯例，在高级的西式餐厅中更是如此。

因此，点酒前，点酒人应先请服务人员取来餐厅酒单阅读。如果不懂酒，也可以请餐厅懂酒的经理或服务人员推荐。

如果是选择请人推荐，那么，可以告诉他们"请选适合今天菜色的酒"，或者告诉葡萄酒师自己喜欢的口味。这样才能选到自己爱喝的酒。不太能喝红酒的人也可以告诉葡萄酒师："先来瓶清淡型的红酒试试。"在请人推荐之前，还可以技巧性地告知对方自己的预算。

二、检查酒标

在开瓶前，服务人员往往会请点酒人查看该红酒是否为本人所点的酒。只有在点酒人点头后，服务人员才可以开启红酒。如此一来，即使最后发现服务人员拿错了酒，点酒人也不能反悔。

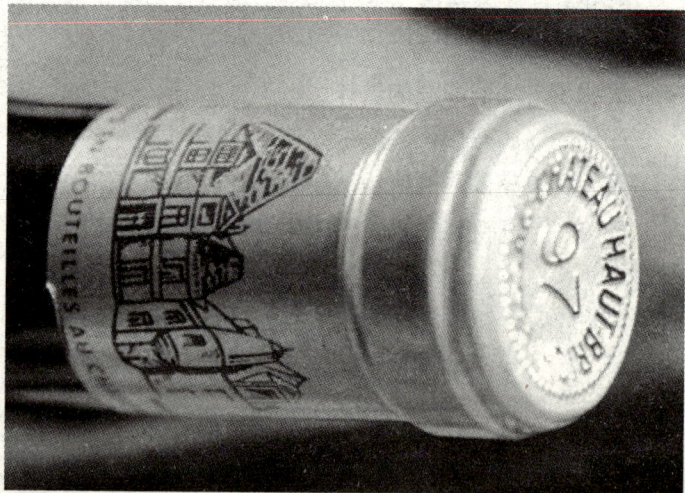

因此，红酒送来后，点酒人要仔细检视酒标。尤其要注意酒标上的酒庄、酒名、年份等是否与自己所点的酒相符。

如果你点的是 1987 年的酒，送来的虽是同样的一瓶酒却是 1989 年的，那么点酒人一定要在开瓶前提出立即更换。

专业的品酒客都知道，同一品牌、不同年份所出的酒是不同的酒。该说法尤其适用于欧洲的葡萄酒。这是由于欧洲每年的天气极为不同，因而所产出的酒，也有很大的质量差距。

三、观察红酒的储存状态

点酒后，除了上面所说的查看酒标外，顾客还要注意观察红酒的储存状态，如检查酒塞是否有严重的凸起。如果有，则说明该红酒的储存方法不对，致使木塞得不到湿润，不能在涨大的情况下防止空气氧化红酒。一旦出现这种情况，点酒人可以要求服务人员更换另一瓶状态更好的酒。

四、亲眼看着酒开瓶

当点酒人示意接受该瓶红酒后，服务人员便可以开启红酒了。此时，点酒人应该要求服务人员当面开启酒瓶。这主要是为了防止餐厅把低档次的酒混入酒瓶内。

开瓶后，服务人员会把软木塞交给点酒人检视。此时，点酒人要仔细观察，如查看木塞是否有发霉的现象。若有，表示餐厅储酒不当，酒质可能已损坏。如果木塞干燥甚至已断裂，则表示此酒被直立放置，酒瓶中可能已渗入了空气，而使酒质被氧化。只有木塞潮湿时，才说明餐厅的储酒方式正确。

另外，点酒人还应该闻一闻软木塞的气味，确定它是否酒香满溢，抑或有一股霉臭味。

五、试酒

在开瓶之后，首先要经过换瓶、呼吸、透气的步骤后，再由点酒人试酒。

此时，服务人员会将约等于一小口分量的酒倒入点酒人的酒杯中。点酒人可以根据品酒原则品尝。即看颜色，摇晃杯子，闻香味，然后再喝上一口。

如果酒质无误，点酒人便可以示意服务人员继续倒酒。如果酒味变质或败坏，点酒人在试酒后，应立即告知服务人员，表示对该酒不满意，请求换瓶再

开或挑选其他的酒。此时，服务人员可能会要求自己也喝一点进行证实。如果该酒确实有问题，餐厅一般会收回这瓶酒。

红酒选购

随着生活水平的提高，人们对消费品的要求也越来越趋向于健康、自然。红酒作为世界通畅性的酒种和时尚的象征，在琳琅满目的酒饮品中，逐渐脱颖而出，成为了消费者瞩目的焦点。那么，消费者在选购红酒时，应该从哪些方面入手呢？

一、看品牌

据资料显示，国内消费者选购红酒的主要依据是品牌。知名品牌不管是在历史、资源，还是在技术、资本上都占有优势。它不仅代表了红酒的质量，也代表了酒商的信誉。

选购红酒时，为了确保质量，在条件许可的情况下，最好还是选择一些知名品牌的酒庄酒。如法国波尔多地区的酒庄酒就闻名于世。

二、看质量

红酒作为一种重要的饮品，其质量的优劣将直接影响到人们的健康。好的红酒多喝几杯，也许不会伤害身体，然而，质量低劣的红酒喝多了的话，就是另外一番情形了。

专家指出：在国外，消费者在选购红酒时，除了考虑品牌之外，最主要的还是依据红酒的质量等级进行选购。

目前，国内市场上的葡萄酒质量分级方法五花八门：有的称自己的葡萄树拥有 20 年以上的树龄，并强调外国是以树龄为划分标准的；有的称自己拥有多个优良产区，产区的等级就代表了其葡萄酒的等级水平。

各种各样的说法，加上红酒销售人员的不专业，使得消费者在面对红酒时，总是眼花缭乱，无从选择。

其实，判断红酒的质量等级，只要从红酒的色泽、香气和口味等方面进行感官鉴定就行。上文已经对此进行了详细的论述。选购者只要按此去做，相信一定能选到自己满意的高质量的红酒。

三、看标签

选购红酒时，应该选择那种标签上酒名、类别 (或糖度) 、酒精度、原汁含量、净容量、厂名、厂址、批号、商标、封装年月、标准代号及编号等标注齐全的红酒。同时，消费者应尽量选购标注了葡萄品种的纯汁葡萄酒，这种葡萄酒的质量将更有保障。

酒标上的"特定产区酒"或"年份酒"也是消费者评判红酒品质的参考条件。

此外，酒标上的"中国驰名商标"、"3·15 标志"、"绿色食品标志"、"国家免检产品"等标识，则代表该品牌被国家质检部门推荐和认可。选购时，也可以将其作为对该产品质量进行评判的依据。

四、看年份

对于红酒来说，年份非常重要。通常，我们可以根据酒的颜色、醇香、酒

中单宁的软化及口感等来判断和识别真
年份与假年份。当然,这对一般的红酒
爱好者来说,是有一定难度的。

下面就为一般的红酒爱好者介绍两
种简单的判别真假年份的方法:一种是
通过看酒标或瓶帽上的"生产日期"来
识别。如果生产日期与年份相差 3 年以
上,就说明该红酒的年份肯定是有问题
的。在没有生产日期的情况下,最简单
的一种方法就是看瓶中是否有沉淀物。
红葡萄酒在瓶中陈酿后都会出现单宁和色素的沉淀物。如果没有沉淀物,则说
明这是瓶"迟装瓶"的"年份"葡萄酒。

法国波尔多产区近 20 年出产的最佳红酒年份包括:1982 年、1986 年、
1990 年、2000 年。

五、看酒商的信誉

好红酒完全是由葡萄发酵而成的，其味道甘酸、微甜，不含任何添加剂。然而，红酒的热销使得一部分不法厂商开始生产假冒伪劣产品。他们利用消费者对红酒知识的缺乏，采用"三精一水（酒精、香精、糖精和水）"，甚至化学合成物质（如人工色素、增稠剂等）勾兑所谓的红酒，坑害消费者。

因此，消费者在选购红酒时，最好是选择信誉好的或知名企业生产的产品。正规厂家和知名企业主要有以下参考标志：

★ **企业的口碑**：消费者可以在许多葡萄酒网站中找到值得参考的信息。

★ **店内的环境及陈列架上红酒的摆放**：正规厂家通常会考虑红酒的存放环境。如充足的光线、低恒温等。

★ **专业知识**：正规厂家的销售人员通常都要求具备专业的知识，他们往往能给消费者提供中肯的建议。

六、根据个人的喜好及食物的特色选购

消费者可以根据个人的口味特点和食物类型选购不同的红酒种类，原则如下：

★ 口味清淡的人，应以桃红、红葡萄酒为主；口味浓厚的人，则应以陈酿红、白葡萄酒为主。

★ 突出鲜味的清淡食物应配合饮用桃红葡萄酒；高脂肪、高蛋白的食物则应配合饮用口味厚重的陈酿型红、白葡萄酒。

★ 餐前开胃酒以加香红酒为主；餐后酒则应以甜型红酒为主。

七、考虑自己的预算

不同类型、不同品质的红酒，其价格差异往往也很大。因此，选购红酒时，消费者还应从价格入手，充分考虑自己的预算。

在决定了要买的红酒价位后，消费者还应选择购酒的场所。通常，品质越好的红酒，越需要细心的呵护。如果需要的是高品质的红酒，则最好是去红酒专卖店选购；较便宜的日常餐酒则可以到超市选购。

红酒市场

目前，红酒作为一种高端消费品，已经逐渐受到了消费者的青睐。近年来，国内的红酒消费大幅增长。越来越多的消费者将温馨醇厚的红酒端上了餐桌，带入了宴会。

中国是新世界红酒的代表，虽然与新加坡等成熟市场相比，中国的红酒市场目前还只是个初生儿，一个"睡梦中的巨人"。但近几年的数据显示，中国的红酒市场正在以每年 10%的速度递增。

一、品牌竞争

经过几年的激烈竞争，我国的红酒市场已经进入了一个相对平静的盘整期：从产品消费阶段步入了品牌消费阶段，逐步实现了品牌的高度集中。

国外的红酒集团企业就像敏感的狐狸和嗅觉极强的狼一样，时刻都在垂涎着中国的红酒市场。随着中国红酒市场的进一步成熟，这些洋品牌大举涌入我

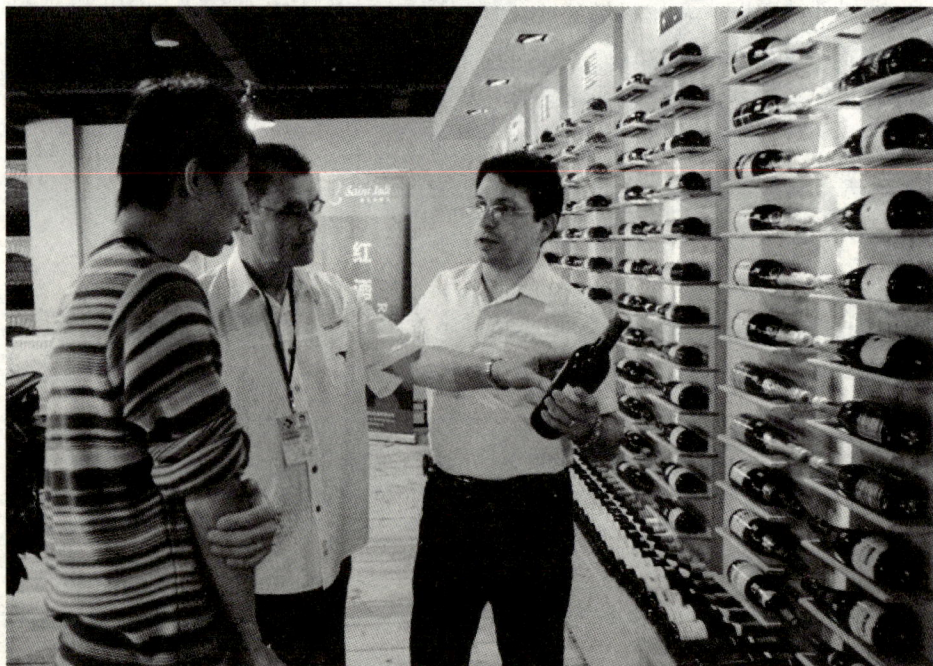

国，加入了对我国市场的进攻。

他们的产品以上乘的质量、高雅的品位及丰富的文化内涵，满足了消费者的需求。在济南等一些销售场所，基本上中国红酒比较少，大多都是国外的知名红酒。

就北京而言，进口红酒的消费量每年就有 30~40% 的增幅。来自法国、意大利、西班牙、澳大利亚和美国的红酒尤其受到了国人的青睐。

二、价格竞争

价格是多数消费者选择红酒时首要考虑的因素。在入世之前，中国红酒的高端市场一直被洋酒垄断，中低端市场才是国产品牌的天下。然而，国产品牌在中低端市场的良好表现也逐渐引起了洋品牌对中低端市场的关注。

入世后，洋品牌低下了"高昂的头"，走起了低价路线。以西班牙红酒为例，其著名的菲立斯葡萄酒进入中国市场后，最高售价居然没有超过 50 元。再如，以国际标准瓶（750毫升）的干红为例，每瓶售价从 20 多元至 100 多元不等。其中，价位在 20 多元的有：法国的金百利红酒、马瑞颂干红；售价高于 160 元的有：意大利的安东尼干红、法国的奥比莱庄园红酒。这种价位上的分布，适应了不同层次消费者的需要，同时也加剧了竞争的局面。

就在旧世界开始兼营中低端产品，市场重心逐渐转移的同时，卷土重来的新世界葡萄酒却发起了向中高端市场的冲击。在这种较量下，国产红酒的价格优势与洋酒相比不再具有绝对性。

由此可见，在消费者越来越走向理性，注重品位和品质的形势下，国产红酒必须拿出高品质的产品来应战，一味的价格战将无法最终取胜。

三、营销多元化

目前，中国的红酒市场格局正在被打破，红酒营销的多元化时代已经到来。低关税后，中国红酒市场的竞争越来越激烈，这迫使洋酒不断地推出新招、奇招。他们重新调整了产品结构和营销体系，打算卷土重来。其做法是：由国内进口商代理洋酒的品牌推广、市场拓展和产品销售。

该做法的优点就在于它能够加大进口商本土化操作的自由度；其缺点则是关税较高、流通环节的费用较高、洋酒对中国市场的掌控力欠弱。

据业内人士分析，红酒市场在未来 3 年内将以 2~3 倍的速度发展，那么，红酒企业又该如何抓住消费者的钱包呢?

首先，红酒企业应该在心里装着消费者。其次，要找到消费者需要的文化，而不是企业自我吹嘘的文化。然后，再按消费者的需要打造企业的品牌文化。总之，谁能最准确地抓住消费者的需要，谁就有可能抢占市场。

红酒健康篇

自从红酒被世界卫生组织评为十大健康食品后，人们对红酒的喜爱又上升了一个层次。医学也证实：只要饮酒不过量，常饮红酒是有利于身体健康的。那么，究竟红酒有什么迷人的魅力？怎么喝红酒才是最健康的？

红酒在人体内的作用

红酒和大多数食物不一样，它不需要经过预先消化就可以被人体直接吸收。如果在进餐时饮用红酒，则红酒可以与其他食物一起进入消化阶段。此时，红酒的吸收速度将会变慢，大概需要 1~3 个小时。在以后的 4 个小时内，人体血液中的酒精含量会很快减少，约在 7 个小时后消失。

饮用红酒 30~60 分钟后，人体中游离乙醇的含量将达到最大，为所饮用的红酒中乙醇总量的 75%。

此外，被人体吸收后的红酒的 95% 将被氧化以提供热能。该氧化作用主要是在饮入红酒后的头几个小时进行，并且主要是在肝脏中进行。肝脏能固定少量的酒精，从而逐渐净化血液。

其实，红酒中的许多成分都能在人体内起到抗氧化物作用。其中仅多酚化合物就超过了 50 种，是目前所发现的抗氧化物中种类最多、抗氧化范围最广的物质。

这些抗氧化物通过多种方式对活性氧基因产生作用，最简单的方式就是清除活性物质。红酒中的酸类物质和它们的代谢物属于活性氧，清除剂向其提供一个氢离子后，将使活性氧发生还原反应而被除去。除此之外，红酒中的黄酮类、苯甲酸等，也都能与活性氧基因起还原作用而将活性氧除去。

Maxwell 等人在 1994 年测试了红酒在人体血液中的抗氧化能力。结果发现：人们在喝下红酒后，体内的抗氧化活性开始上升（抗氧化活性平均上升 15%），90 分钟后达到最大。

日本酒类技术中心与日研食品株式会社老化控制研究所于 1995 年、1996 年对 43 种进口和日本产的红酒的活性氧消除功能进行联合研究后，也取得了肯定的效果。

红酒的营养价值

如今，红酒被越来越多的人所热爱，这不仅是因为它博大精深的酒文化及其上等的品质，更多的是由于红酒的营养价值。

医学研究表明：葡萄的营养很高。而红酒是以葡萄为原料的葡萄酒，其天然的原料及酿制过程，使红酒中也蕴藏了多种氨基酸、矿物质和维生素。这些物质都是人体必须补充和吸收的营养品。

目前，已知的葡萄酒中含有的对人体有益的成分大约就有 600 种。葡萄酒的营养价值由此也得到了广泛的认可。

一、红酒中的营养素

红酒是一种营养丰富的饮料，它含有人体维持生命活动所需的三大营养素：维他命和矿物质、糖和蛋白质，以及有机酸成分。

1.维他命和矿物质

红酒中含有多种维生素和矿物质。如干红葡萄酒中含有 Ve、Vb、Vb_2、Vb_{12} 等多种维生素和钙、镁、铁、钾、钠等多种矿物质。

其中，维生素 B_{12} 不仅能治贫血，而且可以降低人体罹患心脏病和癌症的危险。

钙、镁、铁、钾、钠等多种元素不仅能够促进骨骼、肌肉的生长和发育，而且能防止血管硬化、降低血液中的胆固醇。

2.糖和蛋白质

红酒中的葡萄糖是人类维持生命、强身健体不可缺少的营养成分，是人体能量的主要来源。

此外，红酒中还含有 24 种氨基酸。氨基酸是蛋白质的基本组成单位，也是人体不可缺少的营养物质。

更重要的是，红酒中的葡萄糖、果糖和多种氨基酸都能直接被人体吸收。

3.有机酸成分

红酒中的多酸含量非常多，它们大都来自葡萄原汁，如葡萄酸、柠檬酸、苹果酸等。

其中，红酒中具有的刺激嗅觉神经和味蕾的醋酸、单宁酸等物质，酸碱度在ph2~ph2.5之间，与胃液的酸碱度相同，可增进食欲。在国外，红酒一直是食用海味、生吃蔬菜时不可缺少的饮料。

另外，单宁酸及红色素等酚类物质还具有抗氧化和延缓衰老的作用。还有一些多酸元素能防止人体内某些病菌的繁殖。科学家对红酒进行药理活性研究后发现：红酒内含有多种可以抗菌、抗炎、抗癌、抗血栓及抗高血脂的成分。对脑力和体力劳动者来说，它们都是不可缺少的营养物质。

二、有价值的红酒

据专家介绍：树龄在25岁以上的葡萄树树根在土壤里扎根深，相对摄取的矿物质微量元素也多，以这种果实酿造出来的红酒最具营养价值。然而，目前市场上一些价格相对低廉的红酒，大多是采用树龄较小的果实酿造的，其营养价值根本不高。

此外，一些企业大量进口国外的葡萄原汁，然后在国内勾兑酿酒。为了防止这些原汁在运输的途中被氧化，他们甚至在原汁中加入大量的二氧化硫作为抗氧化剂。当原汁运达国内后，再在其中加入大量的还原剂恢复甜度。

一些饮酒者在喝红酒时出现的头晕，或者不舒服的感觉，就是由于过氧化物的超标造成的。专家认为：这些化学还原剂对人体的伤害远远大于红酒本身的营养价值。

三、红酒的营养作用

1.滋补作用

红酒是具有多种营养成分的高级饮料。适度饮用红酒能直接对人体的神经系统产生作用，提高肌肉的张度。

除此之外，红酒中含有的多种氨基酸、矿物质和维生素等，能直接被人体吸收。因此，红酒能对维持和调节人体的生理机能起到良好的作用。尤其对身体虚弱、患有睡眠障碍者及老年人的效果更好。可以说红酒是一种理想的滋补品。

下面为大家介绍一款很好的秋季滋补饮品：红酒炖鸭梨。

配方：红酒500ml（酒的颜色以越紫红越好），鸭梨2个，肉桂半支，丁香半两。

首先，将鸭梨削皮，肉桂条切成细条状；

其次，将削好的鸭梨对剖去蒂，再用小汤匙挖出种子；

最后，将所有材料放入锅中，并倒入红酒(约八分满)，将其加热至红酒沸腾即可。

功效：鲜红的葡萄酒配上口感绝佳又营养的鸭梨，既可以暖胃、帮助肌肤补充维生素，还可以促进血液循环。而且这种饮品喝完后不容易醉。这是因为在煮的过程中，酒精已经被摧残殆尽，只剩下一点点微微的酒香。如果再加入一些冰糖，还能起到活血化淤的作用。

2.助消化作用

饮用红酒后，如果胃中有 60~100 毫升的红酒，可以使胃液的形成量提高到 120 毫升。

此外，红酒中的单宁，还可以调整肠道肌肉系统中平滑肌纤维的收缩性，调整结肠的功能，对结肠炎有一定的疗效。

虽然红酒的营养价值很高，但是它毕竟是酒的一种，总会有一定的酒精含量。因此，不管红酒有多大的功效，都不能过量饮用。否则，将会破坏人体的免疫机能，增加人体的患病机会。

红酒的保健作用

世界卫生组织"莫尼卡"项目流行病学调查组经过一段时间的研究后发现：在法国的一些地区，人们的冠心病发病率以及死亡率，远比其他一些西方国家，尤其是比美国和英国要低得多。这种现象，被人们称为"法兰西怪事"。

1991 年，美国传媒巨头哥伦比亚广播公司的电视台，在其热门专栏《60分钟》节目上探讨了"法兰西怪事"，并且揭开了导致这种现象发生的谜底——红酒。由此也引出了对红酒保健作用的研究。

红酒能美容

自古以来，红葡萄酒作为美容养颜的佳品，受到了广大消费者的喜爱。明代医学家李时珍就道出了"葡萄酒驻颜色、耐寒"的特点。

一、红酒内服美容

法国堪称美人国，那里的女人不仅漂亮，而且不会因为生育而影响体形。俄国美女虽然也堪称"百步之内必有佳丽"，但她们在生育后，却变成了"俄罗斯大婶"形象。通过研究比较，得出这样的结论：之所以会出现上面的情况，主要是因为俄罗斯人爱饮烈性酒，而法国人经常饮用红酒。

女性最大的敌人莫过于斑点、皱纹、肌肤松弛、肥胖等。人一旦上了年纪，手、脚甚至脸颊都会出现所谓的老人斑。这些斑点是由于人们长年经受紫外线的影响，使皮肤细胞受伤而浮出表面形成的。它们都与新陈代谢延缓有关，与活性氧脱不了关系。

红酒的美容功能源于它含有丰富的葡萄多酚。该成分具有超强的抗氧化剂，能提高人体的新陈代谢，淡化色素，使皮肤更白皙、光滑。

红酒提炼的 SOD（超氧化物歧化酶）活性特别高，其抗氧化功能比由葡萄直接提炼要高得多。同

时，SOD 还能中和体内产生的自由基，保护细胞和器官免受氧化，令肌肤恢复美白光泽。

此外，红酒中的其他成分也具有美容作用。如红酒中的酒精可以促进肌肤吸收养分，使保养成分更快地进入肌肤里层。再如，优质红葡萄酒中含有的丰富的铁，能起到补血的作用，使人的脸色变得更红润。

红酒具有的美容功效，正是美女们对它趋之若鹜的真正原因。在中国，红酒的保健热潮已然掀起。越来越多的女性都喜欢在用餐时饮用一至两杯红酒。这不仅富有浪漫情调，而且能起到养颜和保持娇美体形的效果。当然，容易对酒精过敏的人，在饮用红酒时一定要控制好量的大小。

二、红酒外用美容

红酒除能供人们饮用外，还可以外搽于面部及体表。据记载，过去的法国宫廷贵妇人，以及现在的影视明星和服装模特等，常将陈年红酒外用，以此保养皮肤，使皮肤更加光泽、细腻、富有弹性。

1.红酒面膜

"有段时间我正在拍戏，在每天收工后，我都会敷红酒面膜。结果发现：我脸上原本因为拍戏劳累长在额头的一些过敏的小东西，竟然因此消失了！而且脸也变得更饱实、更明亮！一天一天敷，效果也一天比一天强。后来，我终于了解红酒面膜改善的是肌肤整体！"大 S 徐熙媛的名人效应加上她在《美容大王》一书中的推荐，使红酒面膜成为了最新的护肤大热！

那么，红酒面膜为什么能得到大 S 如此高的推崇呢？下面对该产品进行一个简要的说明。

产品说明：红酒面膜中的粉末是天然的成分以及来自花青素颜色的红色。该颜色的改变会依据天气，如这一年当中的阳光和雨量等因素的变化，而发生少许的变化。

功效用途：红酒面膜有惊人的抗氧化作用，能恢复肌肤的光泽与弹性，预防肌肤老化，使肌肤保持年轻，并且能促进新陈代谢，使肤色白皙。当将它与维他命C搭配使用时，可以加强抗氧化的作用，同时使肌肤紧实且看起来更年轻。此外，红酒面膜对淡化色斑，抑制油脂分泌也有很好的效果。油性皮肤或色斑皮肤者一周使用一到两次红酒面膜，可使皮肤变得干净湿润。

主要成分：红酒面膜除了主要的成分红酒外，还添加了其他多种天然保养因子，包括紫草根、黄芩、木贼植物、啤酒花、松果、柑橘柠檬、迷迭香叶等。这些天然的植物成分都具有神奇的功效。

使用方法：用小板刀取出适量红酒面膜，并将其涂匀在肌肤上 (注意避开眼睛及嘴唇周围)。在停留 20~30 分钟后，将面膜摘下，再用湿海绵完全去除并清洗脸部。

2.去角质红酒面膜

配方：在超市选一支质量稍好的红酒和压缩面膜纸。在消过毒的碗里放入一张压缩面膜，再倒入红酒。压缩面膜接触到水分后，会立即涨大三倍。倒入的红酒的分量以没过涨大的面膜即可。

使用方法：用洗干净的手打开面膜，将其敷在脸上。当感觉面膜上的水分半干时，再将面膜摘下。然后，用清水冲洗脸部，并用指腹按摩脸部。

3.红酒补水面膜

配方：在一小杯红酒中，加入 2~3 匙的蜂蜜，然后将其调至浓稠状态，一张面膜便做成了。

主要功能：从红酒中提取的营养因子，能迅速渗透皮肤，活化细胞，补给皮肤所需水分，令皮肤角质层含水量提升，创造水润剔透的光滑皮肤。蜂蜜则兼具保湿和滋养的功能。

使用方法：将面膜敷在脸上，当其快干时再将它摘下，然后用温水洗净脸部。

注意事项：红酒最好是选用新开封的，以此确保红酒中的营养成分没有受到污染和破坏。敷完该面膜后，不要出门晒太阳。否则，会加速皮肤的老化。此外，对酒精过敏的人，不能使用该方法。

4.红酒浴

法国人发现了红酒的一种新用途，那就是洗红酒浴。据专家说，洗葡萄酒浴可以营养皮肤，强身健体。同时，对治疗失眠也很有帮助。

最先想出葡萄酒浴的人是马蒂尔德·托马斯女士。她听法国波尔大学的科学家说，葡萄籽富含一种营养物质多酚。于是，她对此进行了研究，结果证实：葡萄籽中含有的多酚的抗衰老能力是维生素 E 的 50 倍，维生素 C 的 25 倍 (注：长期以来，人们一直相信维生素 E 和维生素 C 是抗衰老最有效的两种物质)。

马蒂尔德提供的特色浴主要包括以下几种：红葡萄酒浴、葡萄蜂蜜浴、梅乐浴、桶浴。通常的做法是：将葡萄籽榨的油、波尔多产的红酒和天然植物精华掺和在一起，然后将其涂在身上和脸上，再由皮肤美容专家进行两个多小时的按摩。

当然，我们也可以自己动手洗红葡萄酒浴。方法是：在洗澡水中倒入200ml左右的红酒，浸泡15~30分钟后，用双手按摩身体，直至全身微微发热。注意水温不要太高，因为红酒中的营养成分如维生素、果酸等，在高温下容易变质、流失。泡过澡后，再用清水彻底洗净全身。否则，残留在肌肤上的酒精会带走肌肤中的大量水分。

据说，唐朝的杨贵妃喜爱用酒浸浴。这个秘方使得她深受唐玄宗的宠爱。目前，一些美容美体中心为了招揽顾客，也引入了奢侈的红酒浴。他们通常选择的是窖藏20年以上的红酒，其效果相当不错，从而也吸引了不少年轻白领的光顾。

红酒能减肥

一、红酒能减肥的原因

红酒之所以被认为有减肥的功效，主要是因为它具有以下几方面的作用。

★ **红酒的抗氧化能力**。红酒中所含的维他命 C、E 及胡萝卜素具有抗氧化功能。它们可以预防人体的老化，保持身体的正常代谢，使体形不会随岁月的流逝而逐渐臃肿走样。

★ **能促进人体的新陈代谢**。虽然红酒通过对感官的刺激，特别是对口腔中味蕾的刺激，具有提高食欲的作用。但是，红酒中也含有丰富的 B 族维生素，它们能促进人体的新陈代谢，消除因运动不足或过食而积累的赘肉，如能够促进体内糖代谢的维生素 B_1。此外，红酒中所含的单宁也能抑制细菌的繁殖，有效帮助消化。

★ **维持身体的良好循环**。红酒含有由葡萄皮和葡萄籽释放出来的酚类物质，如红色素、类黄酮素。这些物质可以提升人体内优质胆固醇的比例，帮助预防血液毒素的产生，使人体始终维持良好的循环。

★ **有效减少身体内的水分堆积**。红酒中含有丰富的铁质，加上酒精本身具有的活血暖身的功效，使红酒对改善贫血，暖和腰肾，有效减少身体内水分的堆积具有很大的作用。浮肿体质者尤其适合这种既美肤又纤体的红酒瘦身法。

日本科学家曾用老鼠做过试验，他们发现：当老鼠饮用葡萄酒一段时间后，它的肠道对脂肪的吸收将变缓。在对人做临床试验时，也获得了相同的结论。这也就是说：红酒能有效抑制人体对脂肪的吸收。

二、红酒+饮食减肥法

红酒配合饮食可达到减肥的目的。这是因为用餐时品尝红酒，能够提早刺激脑的饱腹中枢，使自己不会吃得过量。

此外，用餐时品尝红酒，会使血中的酒精浓度缓慢升高，对解除压力很有效果，能抑制精神压力引起的过食反应，从而达到间接减肥的目的。

如：同样是高脂肪形态的饮食生活，法国人却不像美国人有那么多的肥胖者。

在日本，曾经一度兴起"地中海式减肥"热潮。人们均衡地摄取地中海型饮食，并且配合红酒的饮用，使自己拥有既健康又苗条的身材。

地中海型的饮食结构呈现的是金字塔形态。主要是充分摄取通心粉、面包、米饭等谷类，且每天都配合新鲜的蔬菜、水果、豆类、以及适量的橄榄油、优酪乳、吐司等乳制品。最重要的是，他们在用餐的同时，通常会配合适量的红酒，再加上适度的运动。

据台湾媒体报道：有一位50多岁的陈女士，曾经胖到连走路都得靠拐杖。然而，经过一段时间瘦身后，如今的她已经能穿上肥胖前正常尺寸的长裤了。而她瘦身的方法不是别的，就是喝红酒。

据陈女士说，因为红酒的酒精含量不是很高，她喝得又比较多，而喝得越多，就越不觉得饿，慢慢地她就忘了饥饿。于是，她吃得越来越少，人也就慢慢瘦下来了。

当然，红酒具有这样的功效，与酿酒商把红酒里容易发胖的酒精浓度降到1.5%也有着很大的关系。

三、红酒+奶酪减肥法

红酒搭配奶酪是一种有效的减肥方法。它不仅可以提高代谢率，而且有利于脂肪的燃烧，在睡前享用效果更佳。它之所以具有这样的功效，与奶酪和红酒中含有的成分有关。

奶酪的成分与母乳的比例接近，而且它不含乳糖，其钙质容易被人体吸收。此外，蛋白质经过发酵产生的短链氨基酸，也能够提高甲状腺功能及提升代谢率。而红酒中含有的酒精、酪胺酸等成分，可以帮助入眠。

通常的情况是这样的：睡眠时，人体的代谢慢、体温低。吃奶酪配红酒，既可以产热，又能够加速人体的新陈代谢，且热量不会被人体储存。因此，能边睡边消耗体内的脂肪，以达到瘦身的效用。

奶酪配红酒减肥法，有利于燃烧腰腹和臀部的脂肪。想瘦这些部位的人士可以尝试该法。另外，除了不喜欢乳酪，或对红酒过敏的人外，该方法适合任何体质的人使用。

使用该减肥法时，对材料的要求如下：奶酪 50g，红酒 50~100ml。其中，奶酪应选择脂质、钙质含量高、糖分低/低碳水化合物的，及自然发酵或有烟熏口味的。而不要选择加工多、有添加口味，如草莓、柠檬、蓝莓等奶酪。红酒则应选用经过橡木桶发酵的品种。

红酒能抗癌

首先，美国有专家发现：红酒中含有一种可以抗癌的栎皮黄素。这种物质来自红葡萄皮，经提炼酿制后可高度浓缩于红酒内。

其次，研究人员在一项报告中得出这样的结论：像抗生素一样防止葡萄受真菌感染的化合物白藜芦醇也许能够关闭一种蛋白质。这种蛋白质在诸如化疗等治疗癌症的疗法中，能保护癌细胞不受损伤。北卡罗来纳大学医学院营养生物学家霍姆斯·麦克纳里说，这种化合物有朝一日也许能用于癌症的预防或治疗。

红酒中含有的聚酚中，恰好有这种重要的功能性成分——白藜芦醇。在含有这种物质的 70 种植物中，以葡萄中的含量最为丰富。而以葡萄为原料酿成的葡萄酒中又以红葡萄酒中最多。

医学研究表明：白藜芦醇对于癌细胞的抑制作用，主要是将一种在癌细胞中专门对抗化疗的基因关掉，有效地击退活性氧，抑制正常细胞变成癌细胞，并抑制癌细胞的扩散。于是，癌细胞变得很容易杀死。除此之外，白藜芦醇还能减缓肿瘤的生长。

栎皮黄素与白藜芦醇协调作用于癌症发生、发展和转移的三个环节。由于它们对癌症兼有预防和治疗的双重作用。因此，最有希望根治包括癌症、冠心病在内的现代富贵病。

红酒能延寿

《诗经》中有"为此春酒，以介眉寿"的诗句。意思是说，酒能帮助长寿。众所周知：减少卡路里的摄入量能够延长人的生命，但这并不意味着我们要放弃许多美食。哈佛医学院病理学研究小组发现：喝红酒可以降低卡路里。

之后，欧美在葡萄酒对人体的作用方面也进行了长期大量的研究。结果发现：红酒含有大量的健康长寿成分。

调查统计表明：生活在盛产葡萄酒区域的人们，由于饮用葡萄酒的机会较多，因而平均寿命较长。在葡萄种植园工作的农民，平均寿命达 90 岁以上。

最新医学研究的结果更证明：经常饮用红葡萄酒，对人体有着非同小可的意义。116 岁的厄瓜多尔老人玛丽亚·埃丝特·卡波维拉被吉尼斯世界纪录确认为世界上最长寿的女性。这位老人对外界说，喝驴奶和红酒是她的长寿秘诀。

近年来，著名营养学家发现：葡萄酒中的单宁酸可以降低血液中动物脂肪分解出的脂质含量，即劣质的胆固醇含量。红葡萄的果皮或种子中就含有这种单宁酸。因而，红酒也就具有了抗氧化和延缓衰老的作用。

此外，法国波尔大学的科学家说：葡萄籽中富含的一种营养物质——多酚，具有很强的抗衰老能力。接着，美国哈佛大学的科学家们在食物，特别是红葡萄酒中，也发现了这种叫做多酚的化合物。

实践证明：多酚可以明显地延长麦芽细胞的寿命，而且对人类细胞似乎也有相同的功效。简单地说，红酒中丰富的多酚，乃是健康长寿之源。这也在一定程度上解释了为什么法国人吃高脂肪食品，寿命却普遍较长的原因。

红酒能防止动脉硬化

在人们的观念中一直认为：作为动脉硬化症的发病原因，是由于 LDL (低密度脂蛋白，一种对人体健康有潜在危害的胆固醇) 附着在血管上而引起的。

然而，近年来的研究表明：如果 LDL 不被氧化，它就不会成为动脉硬化的原因。当 LDL 受活性氧攻击而被氧化为变性 LDL 后，将被巨噬细胞不断吞食而成为泡沫细胞，并附着于血管壁上，从而造成动脉硬化。也就是说，光是 LDL 高，是不会造成动脉硬化的。只有在 LDL 被氧化了以后，才会导致动脉硬化。

要想有效地控制这种情况的发生，除了抑制 LDL 的氧化外，还可以采取措施降低血液中 LDL 的含量。实践证明：适量饮用红酒能达到这两方面的效果。

第一、红酒中含有的多酚和黄酮类物质能起到阻止 LDL 的脂质被氧化的作用。1993 年，美国加州戴维斯大学的法兰凯尔博士将红酒挥发浓缩后的浓缩物作为多酚，将其与维生素 E 进行比较，确认其对人体 LDL 的氧化抑制能力。结果发现：红酒多酚只需维生素 E 一半的浓度就可以防止 LDL 的氧化。

1994 年，日本国立健康和营养研究所的近藤等研究员也做了实验：使被实验者每天在进餐时喝入 500 毫升的红酒，两星期后测定其血液中 LDL 到达氧化的时间。结果发现：饮用红酒的人，其 LDL 到达氧化的时间比不饮酒的人明显延长了。由此也证实了：饮用红酒的人，其血液中的 LDL 不容易被氧化。

第二、德国美因茨大学体育学院教研组组长克劳斯·容教授，经过多年的研究发现：喝红酒能增加对心脏有保护功能的 HDL （高密度脂蛋白，一种对人体有益的胆固醇） 的含量，并降低血液中 LDL 的含量。

在维生素 C 存在的情况下，HDL 能将血液中不需要的 LDL 胆固醇运入肝脏内，并在那里进行胆固醇与胆酸之间的转化，从而降低血液中 LDL 的含量。更有趣的是：在该转化过程中，维生素 C 起诱导作用，然而它的作用只有在红酒中的花色苷存在时，才能充分发挥出来。

以上两点发现，有效地解释了为什么适量饮用红酒，能有效地防止动脉硬化。

此外，有关专家还发现：不同的红酒品种对防止动脉硬化的效果大相径庭。这主要是因为不同品种的红酒中含有的多酚也不相同。如产自长寿之乡包括阿根廷曼多查地区和萨丁尼亚山脉的赤霞珠就能更有效地防止血管问题。这是由于它产自较高的海拔，接受紫外线的照射也比较充足，因而含有的多酚也更多。

红酒能预防心脏病

血液凝块是心脏病发作的主因之一。据了解：红酒中含有的大量的多酚，是一种强力的抗氧化剂。它不仅可以阻碍劣质胆固醇的氧化，而且可以减缓血液凝结的速度，并有效防止动脉硬化，有效降低心脏病发作的机会，进而更有效地预防心脏病。

此外，据研究人员介绍：红葡萄酒中有一种被称为槲皮酮的植物色素成分。该物质以抗氧化剂与血小板抑制剂的双重"身份"出现，能保护血管的弹性与畅通，对心脏有非常重要的保健作用。

荷兰某医生在观察 805 名男性后发现：常饮红葡萄酒者患心脏病的危险会降低一半。白葡萄酒虽与红葡萄酒"同宗"，然而，由于它在酿制过程中槲皮酮丧失殆尽，因而几乎没有保护心脏的作用。

许多研究报告更加指出：每天饮用 3~5 杯红酒的人，比从来不饮用红酒的人，其罹患心脏病及循环系统疾病而死亡的几率低 56%。

以上的各项研究及报告，都说明了一个问题：饮用红酒能降低患心脏病的风险。除此之外，常饮红酒还有利于心脏病突发后的恢复。

红酒能预防心血管病

据调查，在法国，每 10 万人当中，心血管疾病患者仅有 61 人。这与法国是消费葡萄酒最高的国家有关。

丹麦研究人员在相关研究报告中指出：每天饮用葡萄酒的人群与不饮用者对照，其患心血管疾病而死亡的几率要低 49%。美国人将此称为 "法国邪门"。

据分析：红酒中的单宁酸和抗氧化剂等成分，能促进血液的流通、减少血管壁沉积，并能有效地降低血液中劣质胆固醇的含量，减少劣质胆固醇聚集所形成的动脉血块，从而减少心血管疾病的发病率。

同时，红酒中的原花青素也是保卫心血管的标兵。它是一种生物类黄酮物质，20 世纪 40 年代，法国伟大的科学家马斯魁勒博士在松树皮中发现了这种生物类黄酮物质。从该物质中提取的原花青素含量达到了 85%。

到 20 世纪 70 年代，马斯魁勒又发现了获得原花青素的另一个更好的资源——葡萄籽。从葡萄籽中提取的原花青素的含量高达 95%以上。

此外，红酒中的白黎芦醇也能够阻止低密度脂蛋白的氧化，因而，它也具有潜在的预防心血管疾病及免疫调节的作用。近年来，国内外学者进行了大量的研究工作，其结果证明：白黎芦醇可以影响脂类及花生四烯酸代谢，具有抗血小板聚集和抗炎、抗过敏作用，抗血栓作用，以及调血脂、舒张血管作用等。

综上所述，适量饮用红酒能保护心脏血管，改善脂蛋白的代谢，红润气色，对身心皆有正面效果。

红酒能预防血栓病

血小板在体内凝聚后会造成血栓病，如能抑制这种凝聚，就可预防血栓病。

　　美国和日本的医学研究人员在葡萄中发现了白藜芦醇、原花青素和葡萄黄酮等葡萄多酚类物质，从而更深入地研究证实：少量饮用红酒，能使血液中的高密度脂蛋白升高，有利于将胆固醇转移，并使纤维蛋白溶解，从而减少血小板的凝聚，促进血液循环流畅，减少血栓的形成。

　　1995 年，日本山犁大学横锺教授等进一步研究了红酒中的白藜芦醇，确认红酒中白藜芦醇含量平均为 1ppm　(1ppm=0.001‰，ppb 是 ppm 的千分之一)。据报告：将红酒稀释 1000 倍，然后测试白藜芦醇的抗血小板凝聚能力。结果表明：1.2ppb 的白藜芦醇可使血小板凝聚的抑制率达 80%。

　　此外，红酒中含有的多酚物质，也能抑制血小板的凝聚，防止血栓的形成。通常，红酒在饮用 18 个小时之后，仍能持续地抑制血小板的凝聚。

红酒的辅助治疗作用

酒是最古老的良药。人类最初的饮酒行为与养生保健和防病治病有着密切的联系。由于红酒中各种有机物和无机物的存在，使红酒对某些疾病具有了一定的预防和治疗作用。红酒由此也被称为"百药之首"。

几个世纪前，红酒疗法是治疗心绞痛和糖尿病的主要方法。直到现在，这些古老的红酒疗法不仅没有被时代的飞速发展所淘汰。相反，随着科技的进步和先进的尖端分析仪器的使用，红酒的治疗作用被用在了更多地方。

红酒能防眼病

近年来，大量的医学和营养学的研究表明：每天适量饮用红酒，对人的身体是非常有益的。

一、红酒能为视力护航

美国科学家坚持多年进行了一项有趣的观察，结果发现：每天午餐时喝一小杯红酒的美国人，即使到了暮年，视力仍然很好。

为了进行这项研究，科学家们组织了一批 45～74 岁的患者参加试验。这些患者都面临着视力急剧下降，甚至完全失明的危险。然而，奇迹出

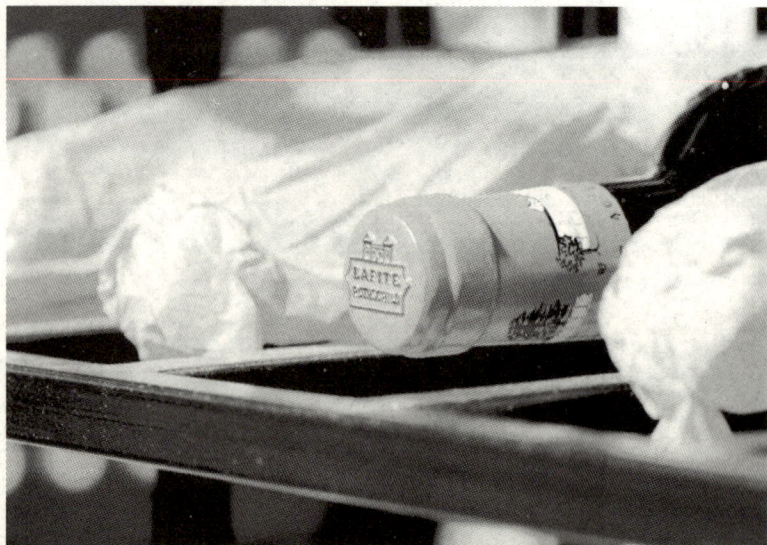

现了：坚持每天午餐时喝一小杯红酒后，他们的视力不仅没有下降，而且到了暮年还很好。

二、红酒能防治视网膜变性

美国哈佛大学的教授研究发现：葡萄酒有防止黄斑（视网膜）变性的作用。黄斑变性是由于有害氧分子的游离，使肌体内的黄斑受损。而葡萄酒，特别是红酒中含有能消除氧游离基的物质——白黎芦醇，它能保护视觉免受其害。

实验证实：经常饮用少量红酒的人，患黄斑变性的可能性比不饮用者低 20%。

三、酒有助于降低白内障发生危险

冰岛大学 Jonasson 等在美国视觉与眼科学研究学会年会上公布了一项历时5年的定群研究结果：适度饮用红酒，有助于降低白内障发生危险。

该研究开始于 1996 年，一共对 832 名研究对象的酒精摄入状况和白内障发病危险进行了调查、随访和分析。结果显示：禁酒者和酗酒者发生白内障的危险都增高了，而适度饮用红酒的人发生白内障的危险则减半。

除红酒外，适度饮用威士忌或白兰地等酒精饮品也有助于预防白内障。然而，它们的保护效应不如红酒。

注：

* **禁酒者**：饮酒量<1 次／月或从不饮酒者
* **酗酒者**：酒精摄入量≥24g／日的男性和≥12g／日的女性
* **适度饮用红酒者**：红酒摄入量为 2～3 杯／日的人

红酒能预防感冒

目前，流行性感冒的病毒已经对大多数药物都产生了抗药性。因而，迄今为止，全世界对流行性感冒尚无良策。然而，人们发现：常饮葡萄酒的人群很少感冒。

一、红酒能预防感冒

很早以前，人们就已经认识到了葡萄酒的杀菌作用。如它们防治感冒或流感的传统方法之一就是喝一杯热葡萄酒。

最近一项新的研究也证实：喝葡萄酒确实具有预防感冒的作用。美国和西班牙研究人员对 4272 名教师进行了超过一年的随访。结果发现：每周至少饮 14 杯葡萄酒的教师，每年得感冒的机会比不饮葡萄酒的教师要少 40%。排除其他影响感冒发病的因素，包括与儿童接触、吸烟、过敏体质以及其他疾病影响，葡萄酒预防感冒的作用依然存在。

研究人员把红、白葡萄酒和葡萄原汁加在病毒培养液中进行试验。结果发现：常见的感冒病毒，在葡萄酒和原汁中都会丧失活力，其中以葡萄皮浸出的原汁效果最好。

科学家认为，这是因为葡萄中含有苯酚类化合物。这些化合物能在病毒表体形成一层薄膜，使病毒难以进入人体细胞，从而达到防治感冒的效果。

由于苯酚主要存在于葡萄皮上，而红葡萄酒在酿制中是连皮一起进行的。因此，饮用热的红葡萄酒，可达到预防感冒的功效。

二、红酒能减轻感冒引起的疼痛

红酒中的化合物可以减轻感冒引起的疼痛。早期的研究发现：红酒中的化合物可以抑制单纯性疱疹病毒的复制。这项研究是由俄亥俄东北大学医学院的约翰 J·德卓提博士领导的，他在抗菌剂及化学疗法国际会议上发表了这项研究结果。

最初，研究人员把从红酒中提取的混合物分离出五种不同的化合物，分析出它们的化学结构并对其进行优化，使它们更具抑制病毒的能力。研究人员在实验室中用疱疹病毒感染细胞，然后加入分离所得的化合物，并监视病毒的生长能力。结果发现：其中一种化合物可以很有效地抑制病毒的生长。

据研究人员说，他们所分离出的化合物与最近其他研究组织所研究出的治疗方法相比，其抑制病毒的生活周期的时段不同。该化合物是在病毒非常早期的生长阶段，就开始抑制病毒的生长了。

除该化合物以外，相关研究还显示：红酒中含有的植物成分 ethylamine 也可以对抗寄生虫和病毒。

在此之前，用于对付感冒引起的疼痛的口服或局部治疗方法有好几种。然而，引发感冒疼痛的单纯性疱疹病毒经常发生变异，而且它们对现有的药物已经产生了耐药性。因此，效果并不理想。

三、各国的做法

在法国，国民一旦碰到身体状况不佳时，首先想到的一定是喝一杯温热红酒。这是自古以来的习惯。温热红酒不仅对感冒有所助益，而且对女性经常发生的虚冷症也能有所改善。

德国人在医治感冒时，经常会做一种鸡蛋酒。即将一小杯红葡萄酒放在火上加热，再打一只鸡蛋倒入酒里，然后用筷子或调匙搅一下，接着停止加热，待晾温后再饮用。

我国治疗感冒的做法通常是将红葡萄酒加热，再加入些许柠檬汁和白砂糖，等到红酒晾温后再饮用。

红酒能抗乳腺癌

最近，旧金山葡萄酒研究所的罗伊·威廉姆斯在华盛顿举行的记者招待会上说：他们在红葡萄酒中发现了一种能预防乳腺癌作用的物质。该物质之所以具有这种功效，是因为它能抗雌激素。

雌激素与乳腺癌有关。一部分女性之所以会患乳腺癌，70%的原因就在于她们的雌激素过高。抑制雌激素疗法主要是通过降低芳香酶的活动来减少雌激素的产生，迫使乳腺癌瘤由于没有雌激素的继续供应而停止生长。

美国科学家公布的一项新研究成果同时证明：葡萄皮和葡萄籽内有一种天然的抗癌化学物质。这种天然物质的抗癌机制与降低芳香酶的活动基本相同。

科学家们在实验室里从葡萄皮和葡萄籽中提取了这种叫做开马君B的物质，并将它应用在患有乳腺癌的白鼠身上。结果发现：这种提取物能够大大缩小所有受试白鼠体内的乳腺癌瘤。更让人惊讶的是：有些白鼠身上的癌瘤居然消失了。

目前，已有的治癌药物效力都很强。因此，研究人员认为：这种天然提取物用于预防癌症将比用在治疗上的效果更好。

建议成年女性在饮食中摄入这种天然化学物质，如饮用红葡萄酒，以便将雌激素的水平降下来，从而预防乳腺癌的发生。对于健康女性来说，每天喝上一杯红葡萄酒或吃一些葡萄（连皮带籽），将能有效地降低体内雌激素的循环量。

相对于红葡萄酒而言，白葡萄酒没有这种功效。这是因为白葡萄酒大多是用葡萄汁酿成的，其中不含葡萄皮和葡萄籽的成分。因而，它也就不具备预防乳腺癌的功能。然而，红葡萄酒所用的原料是完整的葡萄，即连皮带籽，并通过发酵酿制而成的，因而它具有预防乳腺癌的功能也就不足为奇了。

红酒有助于受孕

丹麦科学家经过研究发现：适度饮用一些酒精饮料，尤其是葡萄酒，不仅能提高性生活的质量，而且有助于提高女性的受孕几率。

研究人员对 30000 名妇女的饮酒与生活习惯的关系进行了调查，以便了解这些妇女受孕到底需要多长时间。结果发现：适量饮酒的女性，比滴酒不沾的女性，其怀孕的等待期有略微的缩短。

该研究还发现：各种酒精饮料对于女性受孕时间的长短也有不同程度的影响。如爱喝红酒的女性比喜好白酒、啤酒的女性受孕的成功几率更大。

研究人员将受调查者经常饮用的酒精饮料分为啤酒、烈酒和葡萄酒三种，并依照每星期的饮用量将其分为四个等级。结果表明：啤酒对于等待受孕时间长短几乎没有任何影响。烈酒的影响则出现两极化，对于适度饮用烈酒的女性来说，等待受孕的时间略有缩短，而每周饮用超过 7 杯烈酒的女性，其受孕的几率则大大降低了。不过，这两种酒的助孕效果都只是葡萄酒的 7/10。

在综合考虑女性怀孕次数、吸烟与否、体重值、社会地位等因素后，专家对于葡萄酒的助孕能力给出了很高的评价。虽然，科学家目前尚不能定论葡萄酒本身是否影响生育能力。但是，经常饮用葡萄酒的妇女受孕的可能性确实很高。

此外，女性在怀孕时，体内的脂肪含量会有很大的增加。如果产后能喝一点葡萄酒，将对身材的恢复有很大的帮助。这是因为葡萄酒中含有的抗氧化剂可以防止脂肪的氧化堆积。

红酒能预防牙周病

牙周疾病会影响到牙龈和牙齿周围的骨头。若不及时治疗，容易导致牙齿脱落。

据国际厚生健康网站报道：美国牙科研究协会第 35 届年会上发表了一项新的研究。该研究证明了来自红酒中的一种抗氧化物质，具有抑制牙周病的作用。研究人员指出：这种抗氧化物叫多酚，它能够有效地预防牙龈疾病和牙齿脱落。

该研究结果是由加拿大科学家得出的。加拿大魁北克省拉瓦尔大学的研究人员从波尔多葡萄酒中提取了一种名叫多酚的化合物，并研究了它对各种牙周疾病细菌的影响。结果发现：多酚对于牙周细菌的繁殖有着显著的抑制作用。因此，科学家们认为，这种化合物可以有效地阻止牙周疾病的发展。

同时，专家们也发现：多酚会导致口腔中的其他一些细胞出现中毒现象。因此，专家建议：一定要在没有风险的情况下，加强多酚的口腔保健作用。至于在什么条件下才是没有风险的，专家们还需要展开进一步的研究。

多酚存在于葡萄籽和葡萄皮中，因而，适量饮用红酒能预防牙周疾病的说法并不是空穴来风。当然，过多的酒精也会增加患口腔癌症的危险。因此，饮用红酒时一定要适量。

红酒能预防老年痴呆

老年性痴呆，又称阿尔兹海默病。它是以进行性记忆减退、认识障碍、人格改变为特征的脑退行性疾病。老年性痴呆的发病率极高，其中 85 岁以上的人群的发病率达到了 50%。

专家说：由于老年性痴呆的发病机制并不清楚。因此，到目前为止，并没有很好的根治办法，医生能做的只能是控制病情的发展。

1997 年 3 月，法国波尔多大学医学中心欧格佐博士的报告表明：每天饮用一定量的红酒，具有预防老年性痴呆的效果。

丹麦科学家最近的一项研究也发现：适量饮用红酒，可以降低老人患痴呆症的风险。据德国新闻电视台报道：丹麦健康部与哥本哈根市立医院预防医学研究所等机构的科学家，对 1709 名 65 岁以上的老人进行了长达 15 年的跟踪观察，就饮酒习惯对大脑功能的影响进行了研究。结果发现：对于65岁以上的老人而言，每周或者每月适量饮用红酒者，其大脑受损进而导致各类痴呆症的风险降低了一半。

科学家猜测，这可能是由于红酒中含有一种特殊的元素，可以激活大脑的活动神经。如红酒中含有的类黄酮素就可以有效地摧毁对大脑有害的物质。

该研究的负责人托马斯·特鲁尔森指出：这并不意味着为预防痴呆症就应该开始喝红酒或者应该比平时喝更多的红酒。

该成果之所以令人振奋，是因为科学家发现红酒中的某种物质可以降低痴呆症的发生率。他们相信，这一结果将有助于在痴呆症患者病因查明的情况下，研发出一些新的痴呆症的治疗和预防方法。

最新消息：2006年10月14日—18日在亚特兰大召开的神经科学年会上，美国的科学家通过小鼠实验发现，红酒或许可以有望预防阿尔兹海默病。对比实验显示：红酒可以降低阿尔兹海默病类型的大脑记忆功能区的淀粉类沉积，改善大脑的认知功能和记忆功能。红酒的预防蛋白老化的效用对阿尔兹海默病也有积极的作用。

红酒能降低中风大脑的损伤程度

最近，美国科学家通过研究进一步发现：如果一个人能每天喝上一两杯红葡萄酒，那么，当他发生中风时，其大脑所受到的损伤程度会有明显的降低。

为了更好地了解红葡萄酒在降低中风大脑损伤程度中的作用，美国霍普金斯大学的科学家利用白鼠进行了试验。该项研究显示了红葡萄酒在降低中风对人脑细胞损害中所起的特殊作用。

首先，他们给试验白鼠服用中等剂量的白藜芦醇，然后人为地在白鼠身上触发类似中风的大脑损害。结果发现：与没有服用白藜芦醇的试验白鼠相比，服用白藜芦醇的白鼠所遭受的大脑损伤要小得多。

科学家们介绍说："在触发中风前，我们让试验白鼠口服白藜芦醇，然后就观察到，白鼠由于中风引起的大脑损伤区域可减少大约40%。"

参加这项研究的科学家表示：这项研究结果的独特之处就在于，它能够将红葡萄酒的健康效益具体化。换句话说，红葡萄酒中的白藜芦醇成分能够帮助大脑细胞增强抵御自由基破坏作用的能力。

该试验结果还显示：白藜芦醇可以使大脑中一种叫做血红素加氧酶的酶物质的浓度升高。血红素加氧酶具有保护大脑神经细胞的作用。适量饮用红葡萄酒所带来的健康效益就在于，红酒中的白藜芦醇可以启动血红素加氧酶的抗氧化系统。

那么，究竟饮用多少红葡萄酒才可以产生这种预防效果呢？

据科学家介绍，这主要取决于一个人的自身体重以及所饮用的红葡萄酒中所含的白藜芦醇的浓度。过去的试验结果显示：红葡萄酒的酿造发酵过程本身就可以提高白藜芦醇的浓度。因此，酿造发酵过程本身的质量决定了所产葡萄酒中的白藜芦醇的浓度。一般来说，一天喝上两杯红葡萄酒就能产生这样的预防作用。

红酒除具有以上保健作用和辅助治疗作用外，法国的医生还经常根据各种疾病或症状的情况，建议病人饮用不同的红酒。下面介绍几种法国人的独特民间疗法。虽然不能立即治愈疾病，但也有着辅助治疗的功效。

* 便秘： 每餐进食时，喝干红葡萄酒 2 杯，能够促进人体肠黏膜黏液的分泌。

* 骨质疏松症： 干红葡萄酒富含吸收钙质的磷，每餐进食时喝 2 杯，可以改进人们的骨质结构。

* 腹胀气： 干红葡萄酒富含无机盐和微量元素，午餐和晚餐各饮 2 杯，具有调整肠胃的功能。

试验表明：红酒还能治腹泻症。在开始出现腹泻症状的时候喝一两杯红酒，就可以起到治愈腹泻的作用。调查还发现：白葡萄酒和红葡萄酒比药店里卖的治腹泻的药更自然、更有效。特别是在杀死 PB 大肠杆菌方面，红葡萄酒的威力更加明显。

据来自美国的最新研究表明：红酒中富含的植物化学物质，对骨骼健康也大有裨益。

近年来，喝红酒之所以能成为一种时尚，与越来越多的研究证实红酒对人体各器官系统的益处有很大的关系。

科学饮用红酒

红酒是一种集享受、营养、保健三位一体的饮料。实践证明：只要科学饮用红酒，就能给人体带来各种好处。

一、饮酒要适量

红酒虽然有很多保健功能。但是，一旦饮用过量，也会产生副作用。

古希腊名医希波克拉底曾经说过："酒对人类是适当的。无论是病人或是健康人，只要饮量合理"。瑞士名医帕拉切尔苏斯说得更加清楚："无论是药物、营养品或毒药，关键是剂量。"

现代的医学研究也表明：适当喝红酒对健康有益。美国哈佛大学医学院的科学家以 109000 位 25~42 岁的健康女性为对象进行了调查研究。结果发现：每天喝 1~2 杯酒的人患糖尿病的概率降低了 33%；每天喝半杯以下或 2~3 杯以上的人患糖尿病的概率则减少了 20%。令人惊讶的是：喝葡萄酒、啤酒、烈酒等，只要不超过 2 杯，就有利于预防糖尿病，而喝 2 杯以上烈酒时，反而会增加患糖尿病的危险性。

因此，专家认为：红酒的功效对人体是有益，还是有害，主要取决于红酒质的好坏与量的多少。所谓适量，即每天喝约 1~3 杯的份量，约含 10~30 毫升的酒精。我国葡萄酒的酒度多在 15°以下，每天的饮用量应以不超过 200 毫升为好。

对于人们的 "喝一点有效，喝多点更好" 的想法，一定要纠正过来。总之，无论是红酒，还是药酒，其本质都是酒，而不是药。适量饮用可以保健，然而，一旦过量，反而会对身体造成危害。

二、边饮酒边吸烟不好

有研究称：在两杯红酒中含有大量有益的化学物质，它们足以延缓整支雪茄烟对动脉功能的伤害。当然，这并不表示经常饮用红酒就能抵消长期吸烟的危害。

在饮酒场合，总有这样一些人：边喝酒边吸烟。这种行为也许看上去很高雅，其实并不可取。现代医学证明：酒精和烟草混合在一起，每一种都能使另一种变得更有害。

酒中的酒精是烟焦油的有机溶剂。在吸烟时，烟中的致癌物质，以焦油（尼古丁）形式沉积在中鼻、咽喉、气管和肺的表面。如果同时开杯饮酒，溶解后的焦油会加快穿过人体黏膜，使烟中的有毒物质很快扩散到人体内部，从而使人中毒。

此外，烟草中的有毒物质还会影响肝脏功能，使肝脏不能及时地排泄酒精，从而使酒精中毒加剧。因此，在喝酒时，千万不要吸烟。

三、红酒开启后最好一次饮完

红酒中含有大量的营养物质，当它在室温中的放置时间过长时，容易造成微生物的污染，从而使酒变质。如红酒的表面会出现白色薄膜，红酒会变酸，甚至产生某些令人厌恶的气味等等。

因此，红酒一经开启，最好当天饮完。如果不能饮完，也应将其密封置于5~10℃的阴凉处。已经开瓶的红酒，保存的时间最好不要超过一周。此外，没有喝完的红酒，千万不要再倒回原来的酒瓶中。这么做，不仅不卫生，而且容易使酒瓶的剩酒变质。

四、慢饮为好

喝酒时，一定要慢慢品尝。只有这样，才能饮出健康，饮出趣味，饮出意境。

首先，每个人的酒量不同，各种酒的酒度也不同。于是，每个人的饮酒速度也不相同。从效果上说，饮酒应以慢饮为好。这是因为慢饮不仅可以避免胃、肝脏及脑神经受到强烈刺激而引发不良后果，而且慢饮不易致醉，能使人保持清醒的头脑。

其次，慢饮有利于品饮者对红酒的欣赏和享用，使他们能够更好地体会到红酒在色、香、味上的变化。

五、不宜饮酒的时间

早酒忌饮：虽然红酒对身体有益，但是，早晨最好不要饮酒。晨酒不仅会造成血液中的酒精浓度急速增高，而且还可能造成酒精中毒。

浴前忌饮：饮酒后洗澡，将使人体内贮备的葡萄糖因洗浴的全身活动和血流加快而被大量消耗掉，并使肝脏因承受巨大的压力而受到损害。

　　飞行忌饮：乘飞机长途旅行之前，不要饮用含酒精的饮料，包括红酒。这主要是由于环境有所变化，饮酒后乘飞机，容易使人出现不良反应，尤其是有晕机症的人，更应谨慎。

　　除此之外，喝红酒时最好不要与其他酒类混杂饮用。这是因为不同原料和方法酿造出来的酒混杂饮用时，会破坏酒的口感。而且，混杂饮用时所产生的化学反应也将更容易损伤到人的大脑和神经系统。

　　如果一定要混杂饮用，则要注意喝酒的顺序。如先喝红酒，再喝白酒，将无法喝出白酒的味道。正确的做法应该是先喝白酒，再喝红酒。

红酒美食篇

　　吃是一种需要，会吃则是一种艺术。不会吃的人吃出一身病，会吃的人吃出一身劲。红酒与食物的搭配，也是同样的道理。

红酒与菜肴的搭配

目前，很多人在品尝红酒时，通常会搭配菜肴一起享用。懂得红酒与菜肴的和谐搭配，已经成为了现代时尚生活的艺术。如果不懂搭配的技巧，那么，无论是多么美味的菜肴，还是多么优质的红酒，都会由于它们之间的不协调而变得难以下咽。

餐酒搭配要领

红酒与食物的搭配是一个奇妙的旅程，它们之间没有绝对的规则，只要掌握了以下要领，就会有意外的收获。

要领一：酒与菜要协调

通常，人们在选择红酒与佳肴时，原则上要求酒与菜的口味不要一个压过或掩盖了另一个。这是红酒与菜肴搭配的首要原则和要领。

换句话说，就是要彰显出红酒与菜肴的优点，减少彼此的缺点，使两者的质量和风格都能得到更充分的表现。这也是餐酒搭配的意义所在。即餐酒要互相提携美味，要么是红酒加强美食的特点，要么是美食展现出红酒的香醇风格。

如红酒中的单宁，可使纤维柔化、肉质更加细嫩；相对的，食物也可调节红酒在口中的感觉。品酒的人可能都有这样的经验：当品尝一瓶年轻的波尔多红酒时，因单宁过重，在口中感觉涩味十足。配上一口食物后，尤其是搭配富含蛋白质的肉类时，立刻会感觉酒较为柔甜。这是因为蛋白质与单宁

結合後，能使單宁柔順。再如乳酪与红酒的绝配，也是单宁与蛋白质的结合。反之，乳酪配白酒就必须有选择性了。

要领二：红酒配红肉，白酒配白肉

红酒配红肉符合烹调学自身的规则。红酒分甜型和干型两种，它的味道通常较浓郁、涩度也较高。适合调味较重的红肉，如牛排、烤肉、鸭肉、羊肉和乳制品。红酒中的单宁与红肉中的蛋白质相结合后，会使消化立即开始。

除此之外，红酒还具有解除油腻的作用。这也是它与红色的肉类食品相搭配的重要理由。

而调味较清淡的白肉，如猪肉、鸡肉、海鲜等，更适合口味清淡的白酒。因为白酒中的酸度可以祛除腥味，且能较好地衬托水产品的本味，增加口感的清爽。

然而，即使是红酒配红肉，也有它自身的讲究。如果选用两瓶不同的红酒，佐两道不同的红肉菜式，那么，应以酒身比较醇和的红酒，佐食味比较淡的肉。如，吃焖肉和炖肉时，宜选用布根地红酒或比较柔顺的波特酒；而吃野味和调浓味稠汁的肉时，宜选用酒身够且浓郁的红酒，如法国的 Rhone 和成熟的梅多克酒 Medoc，或意大利红酒王 Brunellodi Motalcino。

要领三：红酒与菜肴的香气搭配

红酒与菜肴的和谐，可以说是红酒与菜肴香气的相互促进，也可以说是互为对照。越是鲜嫩的菜肴，越应选用清香、爽口、柔和的红酒进行搭配。口味越浓的菜肴，则应与香气浓郁、结构感强的红酒搭配。总的来说，就是要做到

以下三点：

　　★ 香气浓郁的菜肴应配富有个性的红酒；

　　★ 较生的菜肴应配足够干的红酒；

　　★ 辛辣的菜肴应配清爽柔和的红酒。

要领四：掌握上酒的顺序

　　当一顿饭需要搭配不同口味的葡萄酒时，上酒的顺序一般是由清淡柔顺型循序渐进至醇厚浓重型。这主要取决于酒的口感而非颜色。

　　通常，清淡的红酒可以放在厚重的白酒之前。不过，在酒龄方面要敬老尊贤，年轻的酒应放在老酒之前，甜酒最后。与此同时，菜肴也要随之一起调整，甜品水果一般应在最后上。总的原则如下：

　　★ 先上干白，后上甜白；

　　★ 先上白葡萄酒，后上红葡萄酒。这与吃西餐先鱼后肉的原则相符；

　　★ 先上新酒，后上陈酒，愈陈的酒愈往后；

　　★ 先上干酒，后上甜酒；

　　★ 先上柔和的酒，后上结构感强的酒；

　　★ 先上温度低的酒，后上温度高的酒。

　　如果是吃家常便饭，最好只喝一种红酒。至于较为隆重的家宴，则可选择多种红酒，但其数量不宜太多，一次最好不要超过 3~4 种。上酒的顺序也应该遵循上面的原则。

　　在大多数地区，上菜的顺序也是先凉菜、后热菜；先清淡、后浓郁。由此可见，红酒与菜肴的搭配，确实是天造地设。

要领五：红酒与菜肴口味的搭配

　　一般来说，咸味会加强苦味，酸味会加强甜味，苦味能中和酸味，甜味则会减低咸味和火辣感。因此，咸的菜式和干辣菜式应搭配甜白葡萄酒或果香味重的红葡萄酒。

还有一种较普通的做法是：对于口感较淡的红酒，应该选择与淡味菜式一起享用；相反，对于果香较浓的红酒，则应与浓味一点的菜式搭配享用。

要领六：根据菜肴的烹调方式和所用的酱料搭配红酒

菜肴的烹调方式和所用的酱料，以及品尝人在不同时间的心情等，也会对菜肴与红酒的搭配产生影响。

通常，菜式的口感会受到烹饪方法和酱料的左右，如吃白汁焖鸡时，可以搭配 Chardonny 白酒。然而，法国名菜红酒焖鸡则宜佐以红酒，选用与焖鸡时所用的同种红酒更好。原因很简单，该菜式的红酒浓汁，可以使鸡的味道变得浓郁如红肉。

如果根据汁酱去考虑配酒，有时红酒和白酒都可以。然而，有些汁酱是红酒的天敌，如极辣的川菜汁会令品饮者的味蕾麻醉，即便是饮上佳的好酒也会尝不出其真正的酒味。又如，洋人喜欢用蕃茄做汁酱，而蕃茄的酸性将与红酒中的单宁产生冲突，使红酒变得更粗糙，从而浪费了好酒。碰到这类浓烈的汁酱，配酒时只宜选用便宜酒。从另一个角度理解就是：饮好酒时不宜搭配这些食物。

餐酒搭配忌讳

俗话说无酒不成宴。菜和酒，本来就是朋友。然而，很多时候它们却是貌合神离。如饮酒过量，会使食物味觉全失，甚至倒腾而出。再如，清淡型的酒搭配油腻型的菜，给人的感觉将如同喝水一样。

红酒与菜肴的搭配也是同样的道理。只有搭配恰当，才能使红酒更好地发挥出其蕴含的味道。那么，怎样才能不浪费一瓶上好的红酒呢？

一、忌与海鲜为伍

尽管新鲜的大马哈鱼、剑鱼或金枪鱼由于富含天然油脂，能够与体量轻盈的红酒搭配良好。然而，红酒与某些海鲜相搭配时，如清蒸鱼，则酒中的单宁会使鲜嫩的鱼肉变得粗糙不堪，难以下咽。

其次，单宁还会使八爪鱼和鱿鱼变得很腥。特别是新涩的红酒，它含有的单宁与新鲜的海鲜和鱼在一起搭配时，甚至会有一股金属味。

然而，白酒搭配海鲜却是一个很好的建议。一些白酒的口味也许会被牛肉或羊肉所掩盖。但是，当它们为鱼、虾或龙虾佐餐时，却会将菜的美味推到极高的境界。

二、忌配带甜味的菜

颜色发紫、喝起来生涩的年轻红酒，忌讳搭配带甜味的菜。这主要是由于红酒中的单宁与甜味结合后，会使酒发苦，从而破坏红酒的口感。

三、忌有醋相伴

各种沙拉通常不会对红酒的口感产生影响，然而，当沙拉中加入醋后，则会钝化口腔的感受，使红酒失去活力，口味也会变得呆滞平淡。

此外，红酒也忌讳与日本蘸吃生鱼片的 Wasabi（芥末）、中国的腐乳和姜醋汁搭配。因为这种搭配将使任何红酒都味寡如水。

四、忌与辛辣、浓香食品搭配

辛辣或浓香的食品与红酒搭配时，将会有一定的难度。如新红酒配四川菜和咖喱菜，当菜与红酒中的单宁结合后，会越喝越辣。

浓香的食品，如巧克力，有时也会对葡萄酒的口味产生不利的影响。然而，一旦搭配得好，则会有意想不到的效果。如班费巴切托得阿奎葡萄酒配巧克力，尤其是黑巧克力效果极佳，令人欣喜。这款意大利葡萄酒果香细腻而爽脆，恰到好处的天然酸度，使其足以平衡巧克力的馥郁与香甜，同时又能使品饮者的口腔保持清爽与洁净。

餐酒搭配的味觉原理

依照口感搭配餐酒是一种较为普遍的方式。红酒的口味具有多元化，既有清淡爽口型的新酒或口感较淡的红酒，也有单宁强、口味比较重的红酒；既有口感肥腴丰厚的年轻红酒，也有圆润丰厚的陈年老酒。

基本的搭配方法是：口感重的美食选择比较丰厚的酒来搭配，如重口感的法国菜搭配浓郁的红酒，能使饮食更美妙。反之，口感清淡的美食最好搭配口感清淡的酒，或单宁含量低、果香相对较浓的年轻红酒。这种搭配的最大优点就在于：它能使红酒与美食在风格与特色上形成和谐与统一。

从红酒与食物的味觉原理解释红酒与菜肴的搭配原则，有助于读者真正了解红酒的特性，并根据自己的需求来选酒、配菜。

一、清淡型红酒

该类型的红酒包括每年 11 月上市的清淡爽口的新酒，以及一些颜色浅、新鲜果香重、单宁含量低的年轻红酒。法国的薄酒莱、意大利的 Valpolicella 等都属于这种类型。

该类型的红酒适合搭配简单的食物，包括肉肠、小牛肉、肝等内脏，或是由熟肉、香肠等做成的肉类冷盘，味道淡的乳酪也可以尝试一下。

二、玫瑰红酒

玫瑰红酒，也叫粉红酒、桃红酒。大部分的玫瑰红酒都属清淡型。它们有着特别的清香味及色泽，以新鲜果香为主，以配简单的菜肴为主。

玫瑰红酒最适合搭配夏季清淡的食物，如生菜沙拉、凉菜类和白肉等。另外，用玫瑰红酒浸泡嫣红的草虾，不仅好看，而且好吃。

通常来说，玫瑰红酒的口感比较没有特性。因而，它也经常被用来搭配比较难配的菜，如醋、蒜加得较多的食物。这虽然不是特别好的组合，但也不至于太离谱。

三、醇厚浓郁型红酒

该类型的红酒具有浓郁的果香及橡木的甘香，单宁酸重、口感浓郁，适合与肉纹粗的红肉搭配，如西餐牛排、烤乳猪、肉末意大利面或一些味道较为浓厚的烧烤类菜肴。

　　之所以这么搭配，主要是因为红酒能帮助
软化红肉的粗韧纤维，达到平衡口感的作用。
如，由成熟的加州红葡萄酿造的梅乐和希哈就
能极好地与很多红肉搭配。

四、高单宁型红酒

　　该类型的红酒，酒色深浓，结构紧密，收
敛性特强且细致。该酒在成熟后，香味更加浓
郁丰富，是目前全球最受瞩目的红酒。意大利
的巴柔楼（Barolo）、法国的波依雅克和罗第丘
以及加州那帕谷的卡百内·索维农等红酒都是其
最佳代表。

　　该类型的红酒适合搭配味道比较浓厚的菜肴，如精致条理的红肉类菜肴，
或口味强劲的野味配上香浓的酱汁。

五、细腻顺口型红酒

　　黑比诺葡萄品种酿成的布根地红酒是细腻顺口型红酒的典型代表，它通常
被形容为具有女性优雅细腻的风格。部分梅乐制成的红酒也有类似的风味。

　　该类型的红酒，在年轻时，单宁稍重，香味较简单，适合搭配牛排等煎烤
的肉类。等到陈年后，该酒四溢的酒香和丰满的口感，又可以搭配长时间煨煮
的丰盛菜肴，或野禽加野蘑菇等材料做成的珍肴。

六、圆润丰厚型红酒

　　丰富的甘油和酒精使该类型的红酒喝起来口感肥腴丰厚。天冷时，配上多
种香料炖煮的肉类最为适宜。

　　此外，该类型的酒还可以搭配各种腌制后烧烤的牛肉、羊肉及烤鸭或附浓
厚淋酱的红肉。如果是陈年老酒，则可搭配野味，或加松露调成的美味佳肴。

　　气候炎热的沿地中海区，如西班牙和法国南部，是该类型红酒的主要产
区。其中，西班牙的利奥哈和隆河谷地南部的教皇新城红酒最具代表性。

佐餐红酒的理想搭配

红酒是陪衬用餐的"绿叶",不同的菜肴需要匹配不同的红酒。这种搭配千变万化,既有传统的经典组合,也有依据各人的口味而进行的搭配,关键是使食物与红酒达到两相和谐。下面就一些菜肴与红酒的搭配做一个概括介绍。

一、辛辣食物

对于辛辣刺激类菜肴,冰凉的啤酒和葡萄酒都很合适。如果是选红酒的话,则应该搭配较甜的红酒,它可以与辣味形成很好的对照。但是,不要选择价格太贵的红酒,简单便宜的 Rhone,或波尔多 Bordeaux 红酒就可以了。对于配料带点辛辣的鸡蛋或 Omelette(奄列),则可搭配丰厚的红酒。

二、海鲜和贝类

通常,人们在吃海鲜时,考虑的主要佐餐酒是白酒。在餐酒搭配忌讳中,我们也提到过红酒忌与海鲜为伍。但这并不是绝对的。单宁含量少的,且果味比较好的红酒也能与海鲜搭配。当然,成熟度好的红酒也可以。这是因为成熟红酒中的单宁一般都成熟了,因而比较适合搭配浓郁的菜。

其次,吃客也可以根据汁酱来决定是否搭配红酒。如果海鲜是用红酒汁炮制而成的,则可以搭配一种果味足的醇厚型红酒。

在考虑海鲜与红酒的搭配时,烹调方法也起着重要的作用。例如,对鲜味浓的粤菜海鲜、清蒸鱼等,确实应搭配更能体现其鲜味的干白葡萄酒。然而,对于川味海鲜、红烧鱼等,则应搭配干红葡萄酒。而烤鱼、烤海鲜配桃红葡萄酒则会收到意想不到的效果。

三、菇类和菌类

当菜肴中带有大量的香菇时,也可以选用合适的红酒与之搭配,包括中稠度到浓郁丰厚的 Burgundy、波尔多 Bordeaux、薄酒莱 BeaujolaisCrus 和 Rhone,陈年浓郁的红酒将是其最佳的选择。

四、肉类

鸡肉和猪肉口味细微,但也有很多变化。当猪肉被用来烧烤时,搭配一瓶清淡到中稠度的红酒将会更好。对于鸡肉和火鸡，则可以根据其烹饪方式和颜色选择干白葡萄酒或干红葡萄酒与之搭配。

鸭肉在中国菜中非常普遍，包括四川菜、广东菜、北京菜和潮州菜。如果是熏鸭或烤鸭，可以选择清淡到中稠度的红酒，如薄酒莱 Beaujolais、Rhone、Chinon 或 Burgundy。如果是带有肉汁的潮州酱鸭，则可搭配较浓郁丰厚的波尔多 Bordeaux 或 Rhone。

牛仔肉或其他白肉，如果汁液不浓的话，则可搭配较清淡的红酒。

另外，根据佐料和烹饪方式的不同，各种肉类在与红酒进行搭配时也有不同的讲究。如对于烤牛肉、牛排、羊羔肉，结构感强的干红葡萄酒将是它们的最佳选择；炸肉则宜搭配酒精度较高的浓郁红酒和玫瑰红酒，酒的温度应略低；而烧烤的肉和野味最宜搭配陈年的丰厚红酒。

五、鱼类

鱼的最佳搭档是白葡萄酒。至于白葡萄酒的种类，则可根据鱼的做法和佐料的不同而定。如奶油类佐料烹饪的鱼，可用果香味浓的干白葡萄酒搭配。

由此可以得出这样的结论：鱼类菜肴主要是根据所用的调味汁来决定酒的品种选择的。因此，对于用红酒烹饪的鱼，应该选用半干白酒或新鲜红酒；而川味红汤鱼则应选用干红葡萄酒。

六、凉菜类

对于凉菜，通常情况下，清爽型干红葡萄酒或桃红葡萄酒是其普遍适宜的选择，如熟肉冷盘，可选用桃红葡萄酒、清爽型红葡萄酒。但是，有的熟肉，如肉酱、粉肠等则与干白葡萄酒搭配良好。而凉拌蔬菜则应选用干白葡萄酒。腊味、肥肠、鹅肝等，根据不同的情况，则是红葡萄酒、甜型葡萄酒的良好搭档。其中，腊肠的最佳选择是桃红葡萄酒。

七、涮锅类

结构感良好的桃红葡萄酒和柔顺的干红葡萄酒普遍适用于各类沙锅、火锅、涮羊肉、羊杂汤及多数煲类。

下面，以上海地区部分家常菜肴为例，为消费者搭配合适的红酒，以供消费者参考。 （见后页）

菜肴分类	菜肴名称	搭配酒种
开胃冷菜 (清淡口味)	炸土豆条、萝卜丝拌海蜇、糟毛豆、姜末凉拌茄子、蒜香黄瓜、素火腿、小葱皮蛋豆腐、凉拌海带丝、白斩鸡	白葡萄酒
开胃冷菜 (浓郁口味)	咸菜毛豆子、油炸臭豆腐、五香牛肉、雪菜冬笋丝、黄泥螺、糖醋辣白菜、糖醋小排骨、鳗鱼香、酱鸭掌	红葡萄酒
河鲜类 (清淡口味)	泥鳅烧豆腐、清炒虾仁、清蒸河鳗、清蒸鲥鱼、盐水河虾、清蒸刀鱼、蒸螃蟹、葱油鳊鱼、醉鲜虾	白葡萄酒
河鲜类 (浓郁口味)	炒螺蛳、酱爆黑鱼丁、油焖田鸡、豆瓣牛蛙、红鲫鱼塞肉、葱烤河鲫鱼、炒虾蟹	桃红葡萄酒 白葡萄酒
肉禽类 (清淡口味)	榨菜肉丝、冬笋炒牛肉、魔芋烧鸭、韭黄鸡丝、清蒸鸭子、韭黄炒肉丝、冬笋炒肉丝、蘑菇鸭掌、虾仁豆腐	桃红葡萄酒 红葡萄酒
肉禽类 (浓郁口味)	糖醋排骨、红烧牛肉、红烧蹄膀、红烧狮子头、炖羊肉、油面筋塞肉、花生肉丁、干菜焖肉	红葡萄酒
风味菜 (辛辣口味)	宫爆鸡丁、水煮牛肉、椒盐牛排、椒麻鸡片、油淋仔鸡、干烧鱼块、红油腰花、鱼香肉丝	红葡萄酒
海鲜类 (清淡口味)	葱姜肉蟹、炒乌鱼球、葱油圣子、生炒鲜贝、滑炒贵妃蚌、刺身三文鱼、蛤蜊炖蛋、葱姜海瓜子	白葡萄酒
海鲜类 (浓郁口味)	糖醋黄鱼、茄汁大明虾、干烧鱼翅、红烧鲍鱼、干烧明虾、红炖海参、蚝油干贝、红烧鱼肚、红烧螺片	白葡萄酒 红葡萄酒

红酒与中餐的搭配

　　中餐配红酒一直是酒评家们面临的一大难题。中餐不同于西餐，西餐讲究原味，而中餐讲究入味。除了原料，中餐配酒还需要考虑佐料和烹调方法。而且中餐通常是几道菜一起上，要使每款酒与每道菜都配得恰到好处，确实有一定的难度。

　　中国菜系丰富，全国各地的著名菜肴数不胜数。那么，各个菜系应该如何与红酒搭配才最合适呢？

粤菜配红酒

　　粤菜是我国著名的八大菜系之一。它形成于秦代，历史非常悠久。粤菜菜系，以广东菜为代表，包括潮州菜和东江菜（也叫客家菜）。该菜系擅长烹野味和水产。其特点主要有三大表现。

　　★ **原料广博**。粤菜以入菜的原料广博、烹饪方法的讲究而一度闻名中外。无论是海鲜、河鲜，还是普通炒菜、点心，都非常注重原料的新鲜、多样。这主要是因为广东的新鲜蔬菜、水产品、家禽家畜和山珍野味等资源丰富。

　　★ **烹调方法多样，菜品多**。粤菜的烹调方法很多，善用烧、煲、炒、炸、清蒸、白灼等多种工艺。焗、煨、软炒、软炸等其他地方很少用的工艺，在广东也常用。正因如此，粤菜的品种也更加多样，估计有正式名称的粤菜约七八千种。

　　★ **注重质和味**。粤菜的口味比较清淡，清中求鲜、淡中求美，而且，它还会随季节时令的变化而变化。通常，夏秋偏重清淡，春冬偏重浓郁。粤菜的食味讲究香、松、脆、肥、浓；调味遍及酸、甜、苦、辣、鲜、咸。即所谓的五滋六味。

　　粤菜的代表菜有文昌鸡、两柠煎软鸡、梅菜扣猪肉、铁板烧、白灼基围虾、八珍扒大鸭、脆皮乳猪、豉汁茄子煲、蚝油扒生菜、潮州白鳝煲、清蒸大鲩鱼等。下面摘取部分菜品，为读者搭配和谐的红酒。

　　梅菜扣猪肉：有梅菜干的独特的草本香气，适宜搭配波尔多红酒。其中，酒的酸味能使瘦肉变得爽口，酒的甜味又能融和肥肉的汁，而菜香也能更好地伴着酒的果香。

椒盐排骨：外酥里嫩，椒盐香味突出，可选配干红葡萄酒，或结构感强的干白或桃红葡萄酒。

发财猪手：猪手烩滑，口味浓郁，色泽大红，是干红葡萄酒的最佳搭档。

乱蒜肚丝：蒜香浓郁，猪肚软嫩，可选配干红葡萄酒，或结构感强的干白或桃红葡萄酒。

干迫牛腩：酱香浓郁，原料烩滑，适合搭配干红葡萄酒。

在禽肉中，蚝油滑手撕鸡、豉油鸡、豉味荷香鸡、板栗鸡煲、冬瓜夹大鸭、广东烧鹅等，都是干红葡萄酒的最佳搭档。干红葡萄酒不仅可以解除肉的油腻感，而且能使菜肴的滋味更加浓厚。根据情况的不同，也可选择搭配桃红或结构感强的干白葡萄酒。

在水产类中，红焖类、豉汁类和咸鱼，可选用干红葡萄酒；而蒜茸类，则可选用桃红葡萄酒。

川菜配红酒

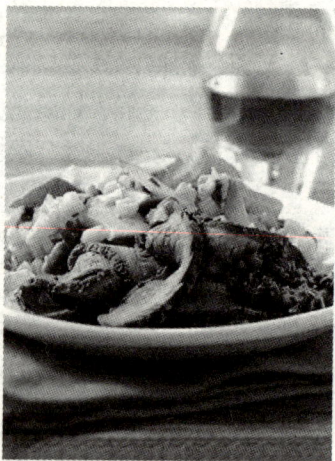

川菜作为我国的八大菜系之一，在我国的烹饪历史上占有重要的地位。它包括成都、重庆两个流派，融合了成都、重庆以及乐山、自贡、泸州等地方菜的特色。该菜系具有三大特点。

★博采众长。川菜加速吸收各地之长，有着别具一格的烹调方法和浓郁的地方风味。实行"南菜川味"、"北菜川烹"，形成了风味独特、具有广泛群众基础的菜系。

★取材广泛。四川自古就有"天府之国"的美称。境内江河纵横，四季长青，烹饪原料多且广泛。既有山珍海味，又有鱼虾蟹鳖；既有肥嫩味美的各类禽畜，又有四季不断的各类新鲜蔬菜和笋菌。

★调味多变，菜式多样。川菜讲究色、香、味、形，尤其在味上风格独特，以味的厚、重、广、浓、香著称于世，流传有"一菜一格，百菜百味"的佳话。

　　川菜的基本味型包括麻、辣、甜、咸、酸、苦六种。在这六种基本味型的基础上，还可以调配变化为20多种复合味型。下面介绍几种主要味型与红酒的搭配。

　　咸鲜味型：主要以川盐和味精调制而成。突出鲜味，咸味适度，咸鲜清淡，如鲜蘑菜心、黄烧鱼翅、鲜溜鸡丝、鲜溜肉片等，可搭配干白或桃红葡萄酒。

　　家常味型：以川盐、郫县豆瓣、酱油、料酒、味精、胡椒面等调制而成。特点是咸鲜微辣，如生爆盐煎肉、家常臊子海参、家常豆腐等，可搭配桃红或新鲜型的干红葡萄酒。

　　麻辣味型：用川盐、郫县豆瓣、干红辣椒、花椒、干辣椒面、豆豉、酱油等调制而成。特点是麻辣咸鲜，如麻婆豆腐、水煮牛肉、麻辣牛肉丝等，可选用各类干红葡萄酒。

　　鱼香味型：用川盐、糖、醋、泡椒、姜、葱、蒜调制而成。特点是咸辣酸甜，如鱼香肉丝、鱼香茄饼、鱼香鸭方等，可根据菜的种类选择干红葡萄酒或半干、半甜葡萄酒。

　　姜汁味型：用川盐、酱油、姜末、香油、味精调制而成。特点是咸鲜清淡，姜汁味浓，如姜汁仔鸡、姜汁鲜鱼、姜汁菠菜等，可选用干白、桃红或新鲜干红葡萄酒。

　　酸辣味型：以川盐、酱油、醋、胡椒面、味精、香油调制而成。特点是酸辣咸鲜，醋香味浓，如辣子鸡条、辣子鱼块、炝黄瓜条等，可选用干白、桃红或新鲜干红葡萄酒。

　　椒麻味型：主要以川盐、酱油、味精、花椒、葱、香油调制而成。特点是咸鲜味麻，葱香味浓，一般为冷盘，如椒麻鸡片、椒麻鸭掌、椒麻鱼片等，可选用干白、桃红或新鲜干红葡萄酒。

　　下面再摘取其中的部分菜品，为读者搭配和谐的红酒。

　　干煸牛肉丝+澳大利亚席拉：此菜牛肉酥香，略带麻辣，耐人回味，适合搭配成熟的少单宁的中等酒体的红葡萄酒。

　　盐鲜鸭舌+南非尼尔斯黑比诺红酒：川菜盐鲜鸭舌的味道主要体现在其酱香味上，南非尼尔斯黑比诺红酒作为一种新世界酒，蕴藏着雍容华贵。在品尝鸭舌后不久，来一口酒缓缓咽下，将享受到鸭香味慢慢消退，酒香充盈舌尖的快感。

竹香牛柳+法国美事得红酒：嫩滑的牛柳咸淡适中，滋味纯厚，搭配内敛高贵的法国美事得红酒，则穿插其间的几丝川味，将令红酒的滋味臻于完美。

糊辣圣子皇+泰莱斯席拉兹红酒：圣子皇加上干辣椒，会使整款菜透着一股烈劲，但这股烈性的辣不会改变圣子皇的鲜美，再配上澳洲的泰莱斯席拉兹红酒后，酒汁交融，使人心醉。

醋椒桂花鱼+领地赤霞珠红酒：醋椒桂花鱼融合了多种时尚元素，醋香与青花椒的香味相互交融，鲜美的鱼泡在汤汁中，再在锅仔中仔细烹制，能不断提升鱼的鲜味。即使不配酒，其滋味已达极致。配上果香味浓、略带回甜的领地赤霞珠红酒后，其醋味将会变得更柔和。

川菜以麻辣著称，与红酒搭配时，其辣味与酒里的单宁结合后，会使酒越喝越辣，而且辣会掩盖掉好葡萄酒中多层次的细腻柔滑的口味。因此，如果吃客对红酒的知识不专业，那么吃辣菜时，最好不要用太好的红酒搭配，便宜的酒即可。

鲁菜配红酒

鲁菜，就是山东菜，其历史十分悠久，是我国北方菜的代表。目前的鲁菜是由济南和胶东福山两地的地方菜演化而成的。其中，济南的传统菜素以善用清汤和奶汤著称，而福山菜则突出表现为对海味原料的烹制。鲁菜主要具有三大突出特色。

★ **选料、刀工十分讲究**。鲁菜非常注重菜肴的色彩和形象。孔子对鲁菜的评价是"食不厌精，脍不厌细，不得其酱不食，不时不食"。

★ **烹调方法多样**。油爆、芫爆、酱爆、清炒、锅烧、扒菜、拔丝、蜜汁、清汤、奶汤等是济南菜的手法，而烹、煮、扒、炒、熘是海味原料的福山菜手法，且烹制中较多选用水焯、水划、水煮、油划、油氽、蒸、油炸等方法。

★ **讲究口味**。鲁菜的口味讲究清、鲜、脆、嫩、纯。所谓纯，就是要保持原味。鲁菜善于用汤，调制的清汤、煮制的奶汤都十分鲜美，这也保证了鲁菜味道的可口。

由鲁菜的特点可知，其最佳的葡萄酒搭档应为干白葡萄酒、桃红葡萄酒或柔和的新鲜干红葡萄酒。

鲁菜的代表菜有扒栗子白菜、蟹黄海参、白汁裙边、干炸赤鳞鱼、山东蒸丸、奶油西兰花、九转大肠、福山烧鸡、烧鸡丁辣子、白斩鸡、醋椒鳜鱼、松鼠黄鱼、奶汤蒲菜等。下面选取鲁菜中最具特色的菜肴进行介绍，并将其与红酒搭配。

扒栗子白菜：咸鲜软烂，有栗子的甜香味，可选用干白葡萄酒或半干白葡萄酒或新鲜的干红葡萄酒。

奶油西兰花：芡乳白，菜碧绿，鲜脆咸嫩，清爽适口，可选用新鲜干红葡萄酒或干白葡萄酒。

炸藕夹：色金黄，外焦里嫩，鲜脆咸香，干红葡萄酒是其最佳的选择。

龙兵夺鲜球：象形菜，虾形龙，丸形球，色泽美观，脆嫩，味美醇厚，可搭配桃红或新鲜的干红葡萄酒。

酱爆核桃鸡：枣红色，软嫩香脆，甜咸香口，可选用干红葡萄酒。

九转大肠：红润透亮，口味甜、咸、酸、辣兼有，肥而不腻，适合搭配中等酒体的、成熟度佳的且单宁不重的红葡萄酒。

烧鸡丁辣子：红绿色，质地软嫩脆，酸辣甜咸香，适合搭配桃红或干红葡萄酒。

白斩鸡：乳白色，甜咸香，五香味浓，可以根据调料的不同搭配桃红或干红葡萄酒。

锅烧肘子：金黄色，肉质酥而不烂，油而不腻，干香适口，适合搭配橡木桶内发酵的成熟的红葡萄酒。

香酥鸭子：色泽金黄，香味浓郁，酥脆香烂，适合搭配干红葡萄酒。

扒大肠油菜：色金红，碧绿相间，咸鲜、脆香，宜选用结构感强的桃红葡萄酒或干红葡萄酒。

孜然羊肉：质地软嫩，鲜辣咸香，孜然味浓，可搭配干红葡萄酒。

湘菜配红酒

湘菜即湖南菜，它是以湘江流域、洞庭湖地区和湘西山区等地方菜发展而成的。在品味上注重香酥、酸辣、软嫩，以辣为主，酸寓其中。这主要是由于湖南大部分地区地势较低，气候温暖潮湿，而辣椒具有提热、开胃、祛湿、驱风的功效。湘菜具有三大特点。

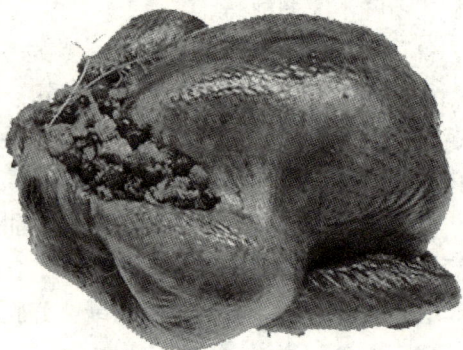

★刀工精细，形态俊美。湘菜的刀法达 16 种之多，从而使其菜肴千姿百态，变化无穷。

★调味以酸辣著称。湘菜历来重视原料的互相搭配，滋味互相渗透，交汇融合，以达到祛除异味、增加美味、丰富口味的目的。在烹制的多种单纯味和多种复合味的菜肴中，湘菜调味尤重酸辣。

★技法多样，尤重煨。湘菜发展很快，形成了一套以炖、焖、煨、烧、炒、熘、煎、熏、腊等为主的烹饪技术。由于湘菜重浓郁口味，因此，通常以煨居多，包括红煨、白煨，清汤煨、浓汤煨和奶汤煨。是我国著名的地方风味之一。

湘菜有 1000 多个品种。代表名菜有什锦湘莲、红煨鱼翅、五元神仙鸡、东安仔鸡、香酥鸡、组庵鱼翅、古老肉、湘西酸肉、板栗烧菜心、油辣冬笋尖、火方银鱼、腊味合蒸、汤泡肚、莲子锅、竹笋蒸鱼、菊花鱿鱼等。下面以部分名菜为例，介绍湘菜与红酒的搭配。

红煨鱼翅，又名组庵鱼翅。它是用鱼翅加鸡汤、酱油等，用小火煨制而成的。汁浓味鲜，以清鲜糯柔著名，适合搭配成熟的黑比诺酒。

五元神仙鸡，又名五元全鸡。其制法是：治净，入钵，和酱油，隔汤干炖。嫩鸡肚填黄芪数钱，干蒸更益人，可搭配红葡萄酒。

剁椒鱼头：该菜以泡椒为重要的配料，清淡爽口，无浓重火爆的咸辣两味，能品出鱼肉原有的清鲜，适合搭配红葡萄酒。

湘西酸肉：味辣微酸，适合搭配成熟的红葡萄酒，如澳大利亚席拉。

油辣冬笋尖：以冬笋尖为主料制成，白中带红，脆嫩鲜辣，适合搭配红葡萄酒。

腊味合蒸：以各种腊熏制品同蒸，腊香浓郁，味道互补，加上干红辣椒，豆豉。合蒸后，味道更香，适合搭配带有烟熏味的单宁成熟的红葡萄酒。

江苏菜配红酒

江苏菜系简称苏菜，集全省各地的地方风味菜肴于一体，以甜为特色，却又各具风格。苏菜主要包括四种地方风味，即南京风味、淮扬风味、苏锡风味和后来的徐海风味。其特色具体有四大表现。

★ **选料严谨丰富**。江苏沃野千里，物产丰富。全省河鲜品种繁多，海味琳琅满目，鸡鸭成群，时蔬丰富多彩。

★ **刀工精细典雅**。苏菜烹饪重视刀工的处理。要求：根根要短，丝丝不乱，厚薄均匀，排叠整齐。各种花雕的应用既广泛又精湛，尤以冷盘制作技艺超群。

★ **烹饪技法多，注重火候**。苏菜较多地使用炖、焖、蒸、煮的方法。在制作中，尤其注重调汤，讲究原汁原味。在烹调过程中，对火候的掌握也是恰到好处。制成的菜多鲜嫩爽口。

★ **讲究调味，注重本味，强调一物献一味**。苏菜总体口味清鲜平和，咸甜适中。在烹制过程中，讲究调味、注重本味，在突出菜肴本质的清新鲜美滋味方面有着独到之处。

下面以南京菜和无锡菜为例，介绍几种苏菜与红酒的搭配。

桂花盐水鸭：炒盐腌渍，清卤复，烘得干，焐得足，皮白肉红，油润，搭配干红葡萄酒后，味道更加鲜美。

炖生敲：本菜是以排敲松软的鳝鱼肉，经油炸后，配以猪肉、蒜头等辅料烹制而成的。其突出特点是香、酥、醇、浓，味道鲜美。干红葡萄酒是其最佳的搭配。

扁大枯酥：此菜用肉末和米粉加配料炸制而成。肉饼为扁圆形，呈枯黄色，外皮香脆，里面酥松，可搭配桃红或新鲜干红葡萄酒。

贵妃鸡翅：即黄焖鸡翅。制作此菜，通常选用肥嫩的鸡翅，调料中配以较多的红葡萄酒，经长时间焖制而成。翅肉鲜香，汤汁醇浓，可与干红葡萄酒搭配。

红烧排骨：建议搭配成熟的红葡萄酒，如果选新酒，则以新世界的红葡萄酒，如智利、澳大利亚、阿根廷的酒为先。

吃油腻但不是很甜的菜时，适合用红酒搭配。这是因为红酒中的单宁能去油腻。但是，红酒中的单宁和甜味结合后，容易发苦。因此，甜菜最好还是与甜酒搭配，而且越甜的菜，应该用口味更浓郁的甜酒来配，反之亦然。

浙江菜配红酒

浙江菜以杭州、宁波、绍兴三地的风味菜为代表，其中以杭州菜最负盛名。

★**杭州菜**。杭州盛产淡水鱼虾。其中不少名菜都来自民间，烹调方法以爆、炒、炸、烤、焖为主，制作精细，变化较多。以清鲜、爽脆而著称。杭州名菜有百菜羹、五味焙鸡、米脯风鳗、酒蒸鲥鱼等。

★**宁波菜**。宁波地处沿海，其菜色的特点是咸鲜合一，口味咸、鲜、臭，以蒸、烤、红烧、炖制海鲜见长，讲究原汁原味，突出鲜嫩软滑，注重大汤大水。

★**绍兴菜**。擅长烹饪河鲜、家禽，入口香酥绵糯，富有乡村风味。主要名菜有西湖醋鱼、东坡肉、赛蟹羹、家乡南肉、干炸响铃、荷叶粉蒸肉、西湖莼菜汤、龙井虾仁、干菜焖肉、蛤蜊黄鱼羹等数百种。

下面以部分名菜为例，介绍浙江菜与红酒的搭配。

干菜焖肉：用霉干菜和五花肉同煮，焖至酥烂时，肉油会渗入霉干菜，霉干菜的香味也会透入肉中，相得益彰，酥香糯软，鲜美可口，适合搭配醇厚的红葡萄酒。

东坡肉：此菜油润柔糯，味美异常。与红葡萄酒搭配时，应该选用成熟的红葡萄酒，如法国布根地的红葡萄酒。两者搭配能使肉香带着果香，酒香带着酱汁香，美味难以言喻。

叫化童鸡：用山奈、八角、酱油、绍酒、白糖、精盐、味精、葱段、姜丝和成的卤汁腌渍，适合搭配中等酒体的干白葡萄酒和中等酒体但单宁成熟的红葡萄酒。

龙井虾仁：此菜虾仁肉白、鲜嫩，茶叶碧绿、清香，色泽雅丽，滋味独特，适合搭配非常清淡的红葡萄酒，如薄酒莱新酒、黑比诺等。

安徽菜配红酒

安徽菜系，简称徽菜，由安徽省的沿江菜、沿淮菜和徽州地方菜构成。其中沿江菜以芜湖、安庆的地方菜为代表，而后传到合肥地区。以烹调河鲜、家禽见长。而沿淮菜以蚌埠、宿县、阜阳等地方风味菜肴构成。

徽菜系的特色是：以烹制山珍野味著称，擅长烧、炖、蒸，而少爆炒，重油、重火工、色浓、朴素实惠。

徽菜的代表菜品有红烧果子狸、火腿炖甲鱼、火腿炖鞭笋、雪冬烧山鸡、符离集烧鸡、蜂窝豆腐、无为熏鸭等。下面以符离集烧鸡和无为熏鸡为例，介绍徽菜与红酒的搭配。

符离集烧鸡：该菜源于山东的德州扒鸡，但在其中增加了许多调味品，从而使鸡的色泽金黄，鸡肉酥烂脱骨，滋味鲜美，适合搭配中等酒体的、比较成熟的红葡萄酒。

无为熏鸡：色泽金黄油亮，皮酥肉嫩，美味可口，适合搭配中等酒体以上的红葡萄酒。

闽菜配红酒

闽菜系是著名的八大菜系之一，在中国饮食文化中独树一帜。它以烹制山珍海味而著称。在色、香、味、形兼顾的基础上，尤以香、味见长，具有淡雅，鲜嫩的风味特色。闽菜系的代表菜品有佛跳墙、太极明虾、闽生果、烧生糟鸭、梅开二度、雪花鸡、菜干扣肉等。

闽菜以烹制山珍海味为主，真正的吃家都知道（上文也提到过）：红酒中高含量的单宁会严重破坏海鲜的口味。与某些海鲜为伍，红酒自身甚至也会带上令人讨厌的金属味。

因此，闽菜与浓郁的红酒相配时，显得有些不搭调。它们之间不仅在色泽上无法协调，而且菜肴本身细腻的味道也会遭到破坏。

如果一定要搭配葡萄酒的话，则白葡萄酒是个不错的选择。如：霞多丽干白葡萄酒配海鲜效果极佳。干白葡萄酒，酒色浅金透明，优雅的果香、花香能恰到好处地平衡海鲜味，同时，又能使吃客的口腔保持清爽与洁净。

当然，闽菜中的一些红肉类菜品，也是可以与红酒和谐搭配的。如菜干扣肉与红酒的搭配。菜干是用鲜嫩的芥菜，经七蒸七晒精致加工而成的，其色泽黑褐油亮，味道咸香馥郁，质地柔嫩甘美。这种菜干与肉同烹，美味相成，风味独特，最适合与新世界成熟而浓郁的红葡萄酒搭配。

红酒与西餐的搭配

红酒在西式餐饮中扮演着非常重要的角色。在欧洲国家，红酒几乎是餐桌上的必备品。西方人讲究搭配，一个人在饭店就餐时，如果他叫了牛扒，定要再配以红酒；如果要了海鲜，则会配以干白。其原则就是：味重、浓汁、油腻的菜肴搭配红酒，清淡的菜肴则搭配干白。

用餐前后红酒的搭配

红酒配西餐，无论是从形式上看，还是从口味上看，都是最好的搭配。高脚杯的纤瘦及玻璃折射的通透，与西餐的餐具、摆放相得益彰。而西餐的口味、配料，也与红酒独有的香醇交融得恰到好处。

吃西餐时，从食物上菜后起，到用餐中途以至于用餐过后，都会配合食物来点酒。这些酒有促进食欲、增加食物美味或帮助消化的功能。

一、开胃酒

开胃酒，也叫饭前酒，其作用是促进食欲，使唾液或胃液的分泌更加旺盛。通常，以饮用少量的白葡萄酒或苦艾酒等烈酒作为开胃酒。此外，也有一些人饮用以烈酒为主的鸡尾酒，其中以马爹利和曼哈顿鸡尾酒最受欢迎。

法国人最常拿来当开胃酒的酒款有：口感清爽、酸度高的干型白酒，充满果香的粉红酒，年轻或单宁低的红酒，如清淡型薄酒莱红酒或南隆河区红酒。

二、佐餐酒

佐餐酒的目的是为了清洁用餐中途口中含有的异味，使用餐时的口感和味道更和谐，使酒与菜互相陪衬，为彼此增色。

在西式的餐饮文化中，最常被用来佐餐的饮料，除了水之外，便是葡萄酒。全球各地的葡萄酒种类不可胜数，各类美食佳肴更是不胜枚举，如何作出适当的搭配，确实是一件令人头疼的事情。

红酒中的果酸与酒精等反应后，能使各种成分间达到极好的平衡，使品饮者感觉不到红酒中含有多少酒精。只要不喝醉，红酒自始至终都能给人以清新爽口的感觉。红酒的这种特性，使它成为了最好的酒精佐餐饮料。

通常，口味浓重的菜，相配的红酒要丰厚一些，才能与之相应。清淡的菜则必然要搭配清淡的酒，否则，会破坏细腻的味道。只要掌握了该主要原则，相信作出恰当的选择也就不会太难了。

目前，一些比较正式的欧式餐厅常会有专业的点酒师为顾客提供配酒建议。当然，他们往往会配合个人的口味以及预算，为顾客作出最佳的选择。如果是家中宴客，也可以依酒配菜或依菜配酒做最佳的选择和搭配。

三、饭后酒

人们在用餐完毕后，花点时间品尝一些香味浓郁的饭后酒，不仅可以调和用餐的气氛，还能帮助消化，可选择白兰地或威士忌等酒精成分重的饭后酒，慢慢的品尝。

酒类的品尝一般都由男士进行，除了红、白葡萄酒外，还有甜酒、烈酒等。当然，也可以请餐厅的品酒专家为你选择适合的酒类。

法国菜与红酒的搭配

法国菜在世界三大美食中占有一席之地。被世界称之为最具代表性的三大烹饪体系，就是以中国烹饪为代表的中餐体系、以法国烹饪为代表的西餐体系和以土耳其烹饪为代表的伊斯兰（清真）体系。

综观法国菜，其用料与口味变化虽然不如中餐。但是，其餐具的考究、用餐的气氛、优雅隆重的餐桌礼仪等，都使吃法国菜成为了一种身份的象征。

法国美食的特色就在于它使用了新鲜的季节性材料，并加上厨师个人独特的调理，从而完成了独一无二的艺术佳肴极品。无论在视觉

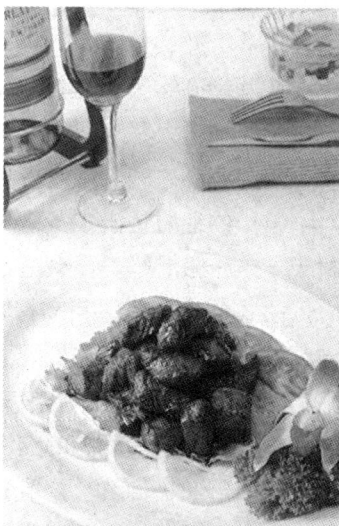

上、嗅觉上、味觉上、触觉上、听觉上，法国美食都达到了无与伦比的境界。其特色主要表现在五个方面。

★**选料广泛**。法式菜肴在材料的选用上，比较偏好牛肉、羊肉、家禽、海鲜、蔬菜、松露、鹅肝及鱼子酱。

★**讲究食物的原味**。法国料理的精神在于突出食物的原味。因此，法国师傅在做料理时，所加入的任何调味料、配菜，甚至于搭配的酒，都只有一个目的：就是把主要食材的原味衬托出来。

★**重视调味**。法式菜肴重视调味，其调味品种类多样，包括酒、牛油、鲜奶油及各式香料。

★**制作精细**。法式菜肴在制作上加工精细，烹调考究，滋味有浓有淡，花色品种多。

★**讲究火候**。法式菜讲究吃半熟或生食，如牛排、羊腿以半熟鲜嫩为特点，海味的蚝可生吃，烧野鸭一般六成熟即可食用。

法国菜是西餐中最知名的菜系，它讲究氛围与礼仪，对于美酒在餐桌上的搭配使用更是十分重视。作为世界上盛产葡萄酒的国家之一，他们认为：不同的菜搭配不同的酒，才能产生不同的风味。比如，吃肉食时搭配合适的酒，将增加肉的美味，使人得到更好的享受。

通常，红酒与奶酪、火腿、蛋类、牛羊排、禽类、兽类、野味、内脏类等的搭配都是相得益彰的。下面以部分法国菜式和食物为例，为其搭配合适的酒供读者参考。

红酒烩煮鳗鱼，这是波尔多人习惯吃的一道美食。该菜的口味较重，除了浓厚的红酒，大概也找不出其他的酒可以与之搭配。

鸡肉或小牛肉的最佳搭档是细致的黑比诺葡萄酿成的布根地红酒。

羊排的绝配是波尔多口味最雄壮威武的波雅克红酒 (Pauillac) 。小羊排取材于羊羔，嫩滑鲜美，最适合与该酒搭配。

法式的烤牛排，可与以席拉葡萄 (Syrah) 酿造的红酒搭配。该红酒常带点胡椒味，是烤牛排的绝配。

炖肉 (指那种像烧蹄膀一样带着油花的炖肉) 最好的搭配就是那些来自地中海气候区的丰满肥润的红酒。

烧乳鸽、扒海鲜、烧乳猪等，则可以搭配以佳美、黑比诺等品种混合酿成的安帝世家巴斯德红葡萄酒。

如果在就餐时，要交替饮用红白葡萄酒，那么，在交替饮用前，应先喝一杯柠檬水，以帮助彻底清除上一道菜在口中留下的余味。

意大利菜与红酒的搭配

天性浪漫的意大利人非常注重生活的品质，他们拥有能带给味蕾无限回味的意大利菜。其中，春天的嫩芦笋、秋天肥美的松茸等，都是意大利最令人垂涎的美食。

意大利的饮食烹调崇尚简单、自然、质朴。根据烹调方式的不同，可将意大利菜分成四个派系：北意大利菜系、中意大利菜系、南意大利菜系和小岛菜系。无论是从卖相，还是从味道或食材的选用上看，意大利美食都有其独特的风味。具体表现在以下五个方面。

★ **意大利的菜式丰富**。通常，读者知道的意大利菜有意大利面食、比萨、意大利调味饭、香醋及意大利式冰激凌、咖啡等。千万不要以为意大利美食仅止于此。其实，意大利的菜式非常丰富，不同地区、不同城镇都各不相同。

★ **选用食材丰富**。意大利美食与其他国家的不同之处就在于其选用的食材丰富，而且可以随意调制。主要食材包括古地中海橄榄油、谷物、香草、鱼、干酪、水果和酒。

★ **意菜口味丰富**。意大利是一个美食王国，可以与法国美食一较高下。其菜式的口味较浓郁，用料分量大。除了薄饼和意大利粉外，其海产类及盐腌食物也同样闻名于世。

★ **烹调方法多样**。意大利菜以炒、煎、烤、红烩、红焖等居多。通常是将主要材料或裹或腌，或煎或烤，再与配料一起烹煮，使菜肴的口味异常出色，且能缔造出层次分明的多重口感。

★ **讲究火候**。意大利菜肴对火候极为讲究，很多菜肴要求烹制成六、七成熟，而有的则要求鲜嫩带血，如罗马式炸鸡、安格斯嫩牛扒。米饭、面条和通心粉则要求有一定的硬度。

在享受意大利美食时，当然要有优质的红酒搭配。下面为大家介绍一些意大利菜式与美酒的配合食用。保证读者能在舒适的环境内，享受到最有滋味的食物和美酒。

一、头盘配红酒

意大利的头盘，通常有一些加入醋的沙律。配合这种食物，宜选用微微有气的淡红酒。由于醋会令红酒失去味道，因此，该头盘不宜与酒质丰厚的红酒搭配。

不少意大利人都喜欢吃腌制的火腿肉。它既可作小食，又可作餐前菜。餐厅的"冻肉杂菜头盘"就可以使读者在火腿肉的配合下，浅尝红酒。

二、芝士配红酒

近年来，芝士搭配红酒的食法非常流行。意大利的芝士品种很多，它与红酒的搭配也像其他食物一样：淡味的芝士可配较清淡的酒，浓味的芝士则适合配高酒精度的酒。

当然，芝士也可以用来做冷盘，淋上点健康有益的橄榄油、沙律汁和香叶后，食物的味道将更加丰富。据大厨介绍：因为芝士的味道不是很浓烈，不会遮盖味蕾对红酒的刺激，因此很适合与红酒搭配。

三、乳酪配红酒

乳酪与红酒的组合一直被人们称为绝配。尽管如此，读者还是要掌握一些原则：譬如成熟、复杂性够的波尔多陈年红酒忌讳与口味重的乳酪搭配，如羊乳酪、蓝乳酪等。这是因为乳酪的味道可能会盖过红酒细腻优雅的酒香。当然，淡口味的乳酪与之搭配时，还是可以相得益彰的。

四、汤和意大利粉配红酒

通常，加入了意大利粉或蔬菜的汤，适合搭配不太浓的干性白酒或清淡红酒。比较干的，配料有肉或茄酱的意大利粉或意大利饭，则宜搭配较清淡的红酒和玫瑰红酒，且温度在摄氏 15~16 度时饮用效果最好。如果是加入了白酒煮的意大利粉或意大利饭，则应搭配干性白酒。

五、意大利面配红酒

将意大利面与酒进行搭配时，应根据所使用的酱汁决定所搭配酒的类型。若使用蕃茄肉酱酱汁时，因为蕃茄口味锐利且偏酸，则应搭配年轻、富果味、清爽不甜的红酒，如意大利年轻的、淡爽多果香的基安帝（Chianti Classico）或智利的梅乐（Merlot）品种。

若使用的是重奶油酱汁，如 carbonara 酱，则应选用完全相反的中度或重度口味的白酒，且果味及橡木味不要太重，如 Chardonny 品种的任何产地白酒。

六、薄饼配红酒

意式厚底锦绣薄饼的用料全部都是意式薄饼的传统用料，包括鸡肉粒、香肠、烟肉和芝士等。这种薄饼口感好，除了能尝到芝士的味道外，茄汁香味也会扑鼻而来，搭配上美味的红酒后，更是一种美妙的味觉享受。

西班牙菜与红酒的搭配

在欧洲，一直流行着"食在西班牙"的说法。西班牙菜肴汇集了西式南北菜肴的烹制方法，融合了地中海和东方烹饪的精华，具有独特的地方风味。读者可以通过菜中浓郁的橄榄油味和喷香的蒜茸味来识别西班牙菜。

西班牙菜之所以受到欢迎，除了它的口味好外，西班牙餐馆对就餐环境的精心布置也是一个重要的原因。西班牙菜的特色主要包括以下五点。

★ **多用海鲜**。由于临近大海，西班牙人很喜欢用海鲜做菜。

★ **强调原味**。西班牙菜强调食物本身的味道，菜中的酱汁通常不是很浓重。

★ **配菜少**。西班牙菜的配菜相比其他菜系要少，这有利于更好地突出主菜的味道和整体感。

★ **配料多。**偏重于将多种配料合成一式是西班牙菜的特色。西班牙菜多用橄榄油烹制，清香而健康。有时，西班牙菜也会加入辣椒调味。然而，大多数菜式只是微辣，口感不会太刺激。

★ **讲究花样和装饰。**西班牙菜与广东菜一样，讲究菜的色、香、味俱全。同样一道菜，即使是同一个大厨在做，他也会采用多种不同的装饰方法，使食客永远保持新鲜感。

西班牙餐桌上的主角，除鳕鱼、虾、牡蛎外，还有火腿、蜗牛、鸡、鸭、肉排等。下面为大家介绍一些西班牙食物与美酒的配合食用，使读者在舒适的环境中，既能享受到最有滋味的食物，又能更好地品尝美酒。

Paelle 是西班牙最具有代表性的名菜。它先用橄榄油将鱼类、贝类、蔬菜类炒过，然后再和米一起煮，一直到将米粒煮松软时止。该菜风味绝佳，令人垂涎，适合搭配上等的红酒。

半熟的牛排、羊排，适合搭配 2001 年帝国田园陈酿的 Crianza。该酒入口时，如天鹅绒般柔软优雅，口腔内充溢着浓浓的黑浆果味，同时，还有着一丝从橡木中散发出来的香草味，搭配半熟的牛排、羊排食用时，口感更佳。

各种肉类野味及野生蘑菇等食物，最宜搭配帝国田园珍藏 Reserva。该酒是一款非常浓郁、醇厚的葡萄酒。轻晃酒杯时，连空气中仿佛也弥漫着浆果和雪松木的香味，同时还伴有一丝丝烟草的味道。

烤鸭与烤肉等烧烤类食物，适宜搭配以赤霞珠酿成的禾富玛莎泰利奥特级珍藏红葡萄酒 (Vallformosa Reserve Tempranillo) 。这款酒单宁充足，酸性与果实味道十分均衡，口感圆润而优雅，充满着李子、黑醋栗、胡椒、无花果、香草和薄荷叶的味道。

品酒餐桌礼仪

红酒是西方人常用的一种佐餐饮料。有关红酒的餐桌礼仪最早就形成于西方。如今，这种礼仪已经为国际社会所通用。

一、开瓶前后的礼仪

按照通常的惯例，为了使客人更好地了解红酒的情况，酒瓶一定要放在红酒篮中，而且要确定瓶上的标签没有被撕走。

开瓶前，先要让客人阅读酒标，使其确认该酒在种类、年份等方面与自己所点的酒是否一致，确认瓶盖封口处有无漏酒的痕迹，酒标是否干净等。确认完这些后，再由服务人员开瓶。

开瓶取出软木塞后，要让客人查看软木塞是否潮湿。若潮湿，则证明该酒采用了较为合理的保存方式。否则，红酒很可能会因为保存不当而变质。同时，客人还可以闻闻软木塞是否有异味，或进行试喝，以便进一步确认红酒的品质。在确定无误后，服务人员才能正式为客人倒酒。

二、斟酒礼仪

请人斟酒时，客人只要将酒杯置于桌面即可。如果不想再续酒，则只须用手轻摇杯沿或掩杯。喝酒前，要先用餐巾抹去嘴角上的油渍，以免有碍观瞻，甚至影响酒香的感觉。

服务人员在为客人斟酒时，也要格外小心。否则，酒液可能会因"后冲"而从瓶嘴向瓶底回流，甚至起泡，激起瓶底的沉淀。此外，在为客人斟酒时，瓶中的酒最好不要倒空，而要留下约一英寸深的酒液。因为这些酒液早已被沉淀混浊，因此，最好不要让客人喝到。

三、上酒礼仪

在上酒的品种上，应按先轻后重、先甜后干、先白后红的顺序安排。在品质上，则一般要遵循越饮越高档的规律，先上普通酒，最高级的酒则在餐末时再上。

如果预计客人在用餐的过程中所喝的酒将超过一种，那么，服务人员在为客人更换酒的品种时，也要同时为客人更换酒杯。否则，将是服务上的严重失职。

四、喝酒礼仪

当两人干杯的时候，要使杯子倾斜45度，如果自己是向左倾斜的话，那么，对方的杯子就要向右倾斜，从而形成一个90度的夹角。

碰杯时，最好在杯肚最大圈的地方碰撞。这样一来，发出的碰撞声音才会是最好听的。

敬酒时，要将杯子高举齐眼，并注视对方。同时，最少要喝一口酒，以示敬意。

另外，喝酒时的正确持杯方法应该是握持酒杯的杯脚，而非杯身。只有这样，酒温才不会受到体温的影响。同时，还能方便喝酒的人更好地欣赏所有酒款，如红酒的色泽。

我国的红酒餐桌礼仪大体与国际上的做法相同，只是在服务顺序上稍有区别。我国的服务顺序，一般为主宾、主人、陪客、其他人员。在家宴中，则是先长辈，后小辈；先客人，后主人。而国际上较流行的服务顺序是，先女宾，后主人；先女士，后先生；先长辈，后小辈；妇女处于绝对的领先地位。

另外，我国在酒宴上常有劝酒的习惯，而世界上的很多国家却以此为忌。

红酒时尚篇

　　红酒是沉淀文化的时尚，它在不同的文化区间体现着不同的特色。最初，红酒是一种身份的象征，是只有上流社会的贵族名流才有资格与能力品尝的琼浆玉液。渐渐地，随着葡萄种植的普及与酿酒技术的提高，红酒成为了越来越多的人追求的一种时尚，而不再只是某些人的代名词。

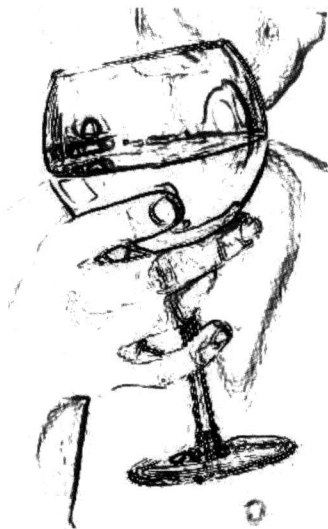

红酒是品位和时尚的象征

红酒是一种文化，一种品位，同时也是一种时尚。它是现代国际商务中的情感调剂品，也是饮用者与时俱进、与国际发展同步的新潮象征。红酒是"社会地位的标签"的特点，更使它成为了时下青年追逐的目标。

法国文学家第·塞德松曾说过这样一句话，葡萄美酒和音乐、艺术一样，是可以用来欣赏和品味的。

红酒代表着高尚和浪漫，它标志着一种生活态度。无论是在灯光摇曳、遥远而沉醉的萨克斯音乐酒吧里，还是在五彩迷离、轻柔优雅的居室中，红酒总能带给人们各式各样的想象。

对于女人来说，红酒除了美颜，更能点化女人的媚态。即使是一个刻板的女人，在红酒的催化下，也会变得生动起来。对于小部分红酒徒来说，喝红酒还是体验一种异域文化的过程。

红酒从一开始就跟美人、身份、品位有着丝丝缕缕的联系。关于红酒的起源，还有一个有趣的传说。讲的是一个嗜爱葡萄的国王与一个失宠的妃子的故事。国王将葡萄储存起来却遗忘了，失宠的妃子欲寻短见，误将发酵的葡萄汁当毒药喝了下去。结果她不但没有死，而且还变得愈发美艳动人。最后，该妃子再度受宠。葡萄酒也因此产生并广泛流传开来，而且受到了人们的喜爱。

追求时尚、健康的生活是时下人们的导向，这一风潮也刮到了红酒市场。随着女性地位的提高，喝酒已经不再是男人的专利。红酒，以其温和的口感和优雅的情调吸引着越来越多的女性消费者。喝红酒也逐渐成为女性、特别是有学历、有稳定收入的白领女性的时尚。她们是红酒市场越来越大的消费群体。

在对红酒饮用场所进行调查后发现：家中、酒吧、朋友处和酒楼四个场所中，女性消费者各占到 25%左右。

在对 "红酒对女性的好处" 这一项的调查中：25.7%的被访者选择了美容，23.9%的被访者选择了有益身体健康，另有 22%、17.8% 和 10.5%的被访者选择了酒精度数低刺激小、增加生活情趣、显示女性优雅三项。这些都说明了女性对红酒不再陌生，对红酒功效的了解也较为全面。

同时，调查结果还显示：35%的被访者喝红酒是为了抒解心情，另有 30% 和 23%的被访者是为了交朋结友和消遣，只有 9%的被访者选择了商务往来。

由此也可以看出：喝红酒不是一种迷醉，而是人们对个人生活品位和品质要求的提高。也就是说，人们消费红酒多为主动，而不再是传统观念中被动的 "为工作需要而喝酒"。

在国外，红酒被称为情人酒，它标志着一种浪漫，而浪漫的地方总是离不开女人。这注定了红酒和女人天生有缘，她们就像是一对孪生姐妹，总要同时粉墨登场。

据估计，在全球范围内，葡萄酒至少有不下 10 万个品种。在这个日益标准化的年代，它可能是唯一还坚持着个性的一种产品。在品酒师的储酒室中，每个人都会有一两瓶市场上根本不可能找到的罕见葡萄酒。这种酒往往是主人的挚爱，也是主人品位和个性的象征。

红酒的时尚新喝法

随着跨界风潮的影响，纯喝红酒的方式受到了流行的冲击。更多的喝酒人士发掘了一些时尚的红酒新喝法。

跨界 (Crossover)，原意是指跨越不同领域，或是在同一产品设计概念上跨越藩篱的合作。它通常包含有尖锐的矛盾，但矛盾双方却极舒适、极和谐地共存共生。目前，Crossover 是国际时尚界最潮流的字眼，从传统到现代，从东方到西方，跨界的风潮愈演愈烈，代表着一种新锐生活态度和审美方式的融合。

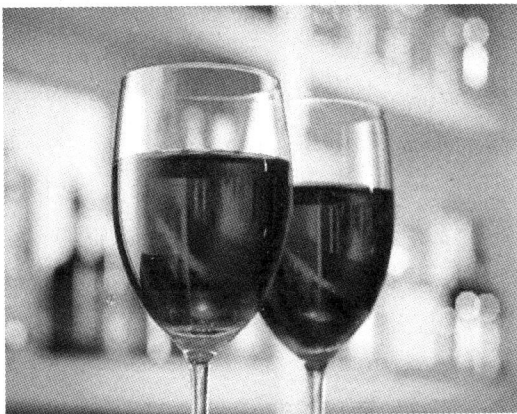

如今，这股风潮已经席卷娱乐、运动、休闲、数码、服装等生活中的各个方面，穿衣讲究乱搭、娱乐讲究酷玩。现在，该时尚新概念又来到了红酒中，使得原本毫不相干、甚至矛盾、对立的元素，擦出了灵感火花和奇妙创意。人们恨不得把能喝的东西都兑在红酒中一起品尝。下面的一些新鲜喝法，可供大家参考。

一、红酒+小黄瓜片+冰块

把新鲜打开的红酒，倒在杯子里，再加上鲜切的小黄瓜片，然后搁上冰块混着喝，这样不仅可以很好地去除红酒的酸涩，保留红酒的干醇，而且能刺激出红酒的清香。加入冰块，是为了安定酒味，使酒香不至于快速地散发掉。另外，冰块还可以控制酒量，并起到醒酒的作用。

二、红酒+水果

目前，有一种流行的喝红酒的方法，就是将水果与红酒搭配品尝，调出各种不同的味道。如用青苹果搭配法国出品的钟楼城堡干红。这种搭配能更好地调出果酒的口感，使青苹果的酸中和些许红酒的甜，喝起来完全不觉得腻。

三、红酒+醋

这种喝法首先在北京、上海、广州等城市亮相，后来又传到了重庆。

在重庆人的观念中，醋是用来调味的。但是，在 2002 年元旦，这种另类的红酒喝法在重庆的各大宾馆、酒店闪亮登场。重庆也成为了销售"御制贵妃醋"的第十个城市。

这种号称绿色健康饮品的"贵妃醋"，把传统的调味料演变成了时尚的饮品。它与普通的醋有所不同，其中加入了糯米、红枣、首乌、蜂蜜、花粉、珍珠粉等原料。其饮用方法别具一格：既可兑水，又可加冰，还可掺雪碧、掺干红。

四、红酒+雪茄

雪茄和美食是红酒最好的伴侣。据介绍，雪茄有不同的口味，口味浓烈的雪茄一般配口感比较强、比较涩、酒体浓郁的红酒，如阿根廷、智利等地的产品；而口味较醇和的法国红酒则应当与味道较温和、轻盈、芳香的雪茄，如大卫道夫等搭配。如此一来，红酒的味道才不会被雪茄所掩盖，从而使两者相得益彰。

五、红酒+啤酒

在新新人类中，葡萄酒和啤酒混在一起，成为了时下酒吧中最流行的"扎葡"。有的人甚至把这种红酒和啤酒混成一种味道怪异的酒，并将它命名为"鸡尾酒"。

六、红酒+矿泉水

这种搭配更适合男士。观看时，你会发现该酒仍然是红的。然而，酒中的酒精度已经降低了很多。

七、红酒+雪碧或可乐

这是目前大多数人所选用的一种搭配方法。这款搭配，清甜可人，且很爽口，男女都可以选择，甚至小孩也可以喝上一点。之所以有这样的搭配，是因为人们认为：在饮葡萄酒时，添加碳酸类饮料可以冲淡酒精的度数。

八、红酒+话梅

这种搭配更适合女性。其中一点点的酸甜口味，可以使红酒的滋味变得更加绵长。

除了冷饮外，有的人还选择了热饮。据专业人士介绍：做热酒时，最好选择酒精含量在10~12%左右的红酒。这是因为度数太高容易醉，度数太低又可能没有酒香。

以上这些喝法，就是在时下的年轻人中流行的做法。然而，其中的有些做法在品酒师的眼中，无疑是对葡萄酒的纯洁和高贵的一种亵渎，如在葡萄酒中添加碳酸类饮料或加入冰块。

营养学家分析说：在葡萄酒中添加碳酸类饮料会因大量糖分和气体的加入，使葡萄酒原有的纯正风味受到破坏，葡萄酒的营养和功效也将受到影响。

此外，营养学家还说：饮用葡萄酒时，最好也不要加入冰块。这是因为葡萄酒会因冰块的加入而被稀释，不适合胃酸过多或患溃疡的人饮用。

然而，时尚往往就是这种表面上的标新立异。从这点上看，葡萄酒又成了时尚的敌人。读者必须在耐心中慢慢学习，慢慢等待，才能慢慢地品出红酒的味道来。

红酒时尚人物

红酒世界最耀眼的明星：杰西丝·罗宾逊

说起杰西丝·罗宾逊，相信真正的品酒行家都听过她的名字。她就是"全球三大品酒师"之一，也是全世界为数不多的，可以在名字后面加上"M.W"（即 Master of Wine 葡萄酒大师）的葡萄酒品酒师之一。在葡萄酒的世界里，她是最耀眼的明星。

如果您想成为一名喜爱葡萄酒的时尚人士，那么，一定要对她进行了解。她对葡萄酒的热爱以及她的事迹，对我们更好地认识、品鉴红酒都有着一定的帮助。

罗宾逊出版了 10 多本与葡萄酒相关的专著和录像带，由她制作的著名电视系列片"葡萄酒节目"也是 BBC 电视台最受欢迎的一档有关葡萄酒的节目。此外，她还长期为伦敦《金融时报》的葡萄酒专栏撰稿。

杰西丝·罗宾逊出生于英国，她第一次接触葡萄酒是在 18 岁的时候。那时，她在意大利的一家豪华旅馆当服务员。在那里，她品尝了很多葡萄酒。25 岁起，她开始了葡萄酒的写作，到现在已经有 30 年的写作经验了。

罗宾逊的工作就是与葡萄酒打交道，整天琢磨研究葡萄酒。为了品评出最优质的葡萄酒，考察各个葡萄酒产区，她走遍了世界各地。在葡萄酒的世界里，她诠释着自己的酸甜苦辣。

一、酸

每次看到别人对葡萄酒有误会，或者随便糟蹋美酒，杰西丝就感觉心里很不是滋味。在上海的一次品酒会上，她指出了中国人饮用葡萄酒的几个误区。

1.葡萄酒兑柠檬水喝

杰西丝听说中国人喜欢把葡萄酒和柠檬水、可乐等混着喝，表示出不理解："真搞不懂，这么自然至纯的葡萄酒，为什么要与那些人工制造的饮料混在一起呢！"她说，"每个钟爱葡萄酒的人，都绝不会允许这种事情发生"。

2.干红比干白好喝

杰西丝说：红白葡萄酒的区别只在于，白葡萄酒是用果肉酿造的，而红葡萄酒则是连皮带肉一起酿造成的。因此，红葡萄酒的颜色要深一些。另外，葡萄皮中所含的单宁，使红葡萄酒口感稍有干涩。但决不能就此片面地认为干红比干白好喝。

3.这个牌子比那个牌子好喝

葡萄酒是一种个性化的饮品，它没有绝对的好坏之分，只是每个人的口味不同而已。"如果有人告诉你，这个牌子就是比那个牌子好，那绝对是胡说八道！"

二、甜

杰西丝差不多每周都要喝 200 多种不同的酒。据她自己说，在她所品过的酒中，使她最难忘的一次品酒经历是在 10 年前，在布根地酒区喝到了一瓶 1947 年的法国波尔多葡萄酒。这是一桶酒中的最后一瓶。她说，那是一次美好的记忆，她永远都会记得那瓶酒。

三、苦

为了取得葡萄酒品酒师资格，杰西丝通过了辛苦的考验。她说，当时要考一个星期，除了 3 份笔试的试卷外，她还要对 12 瓶来自世界各地的、完全没有标记的葡萄酒进行鉴定。要完全依靠自己的品尝，判断酒的年份、酿造所用葡萄的品种以及产地。只有这样，才能把 M.W （Master of Wine） 这两个字母加在自己的名字后面。

考试结束后，为了使自己能发挥所长，杰西丝经常周游世界，考察各个葡萄酒生产区。在这些考察过程中，她吃了不少苦。她说："有一次，我考察完北非，直接穿越整个非洲大陆，去了南非的葡萄酒生产区。还有一次去考察阿根廷的高山葡萄园，爬了整整一天的山，住在当地的简易草棚里。"其实，这根本不是一个"苦"字能够完全概括的。

四、辣

杰西丝是一个非常直率的人，是出了名的"铁面判官"。如果葡萄酒的口感确实不好，她一定会告诉大家。有时，她也觉得挺尴尬，但是，她说自己必须这么做。

除了批评，她还会对酒商提出改进意见，如："今天这款酒，葡萄藤还太嫩，再长个 5 年左右，口感一定会更出色。"对于中国的葡萄酒业，杰西丝也直截了当地指出："最好能培育出新疆特有的葡萄种类，如果出于凑热闹的心理，大家都种'赤霞珠'等品种，那就很难在国际竞争中崭露头角。"

就是这样的经历以及做事的态度，使杰西丝成为了受人钦佩的葡萄酒品酒师。

红酒世界风云人物：休·约翰逊

休·约翰逊是英国著名的葡萄酒评论家，是世界知名的葡萄酒作家和葡萄酒行业最伟大的权威之一。

1966 年，27 岁的休·约翰逊出版了他的第一本专著《葡萄酒》(Wine)，由此也奠定了他在酒类出版物上的权威地位。之后，他又连续出版了《世界葡萄酒地图》(World Atlas of Wine)、《葡萄酒袖珍书》(Pocket Wine Book)、《葡萄酒指南》(Wine Companion)、《酒的故事》(Liquor Story) 等书。

熟悉葡萄酒的人，会讶异于他把酒当成一门艺术来对待。不熟悉葡萄酒的人，则会讶异于他对酒类资料的了如指掌。他对葡萄酒的独特见解、态度严谨又不失幽默的风格，深得全世界专业和业余葡萄酒爱好者的喜欢。

因为葡萄酒，约翰逊也赢得了很多荣誉，如 1967 年和 1989 年的 André Simon Award 最佳葡萄酒书奖；1998 年的美国得克萨斯州达拉斯 TV Munson 奖和国际葡萄酒与烈性酒大赛 1998 年交流大使。

一、与葡萄酒的不解之缘

休·约翰逊与葡萄酒开始接触的机缘，要追溯到他在剑桥大学念书的时候。当时，他参加了学校的"佳酿与美食"学社，从此奠定了他对葡萄酒的不凡品位和终身兴趣。

毕业后，他担任了杂志的酒专栏作家。似乎真有一种酒的使命维系在休·约翰逊的身上一样，他由专栏作家到报纸酒线记者、酒的书籍作家、酒界组织的秘书长、酒展主席、航空公司的酒顾问、酒的电视节目制作人……这些工作，在他与酒的缘分中持续发酵，使他与酒的关系更加密不可分。

二、休·约翰逊对酒的看法

休·约翰逊用"随性"二字诠释了自己对酒的看法。在他的观念中，葡萄酒并非扮演生来就被规定要搭配何种食物的角色。他认为：品尝美食美酒的欢愉时刻，并非要战战兢兢地遵照主观外在的守则，也别让感官的释放埋没在绝对的导引中。

他说：某些酒类配上某些食物，能让人觉得顺口温润，这样的感觉就是对的，搭配就称得上是合适的。另外，按照当时的情景来选择品尝何种酒类，或者如何搭配食物也是很重要的。

三、用葡萄酒酿出人生乐趣

休·约翰逊对葡萄酒的执著，很彻底地表达出了他对享受人生的兴趣。即使是葡萄酒，在他看来也只是点缀人生乐趣的手法之一。

对他来说，葡萄酒并不只是葡萄酒。它除了是餐桌上一杯清澈的佳酿外，还延伸出了休·约翰逊与大自然互动的桥梁。面对着自然界的迷人产物——葡萄酒，他一面探索它古往今来的事实与记录，一面又品尝与发掘它尚未被众人了解的地方。这种完美的互动，不能不说是用葡萄酒酿出的人生乐趣。

到目前为止，约翰逊对自己刻画在葡萄酒的记录里最满意的事情，莫过于在书中谈到了酒的历史背景。他对酒的数据、历史资料、记录佐证等的搜集一直不遗余力。他的书也被喻为"酒的百科全书"。

此外，约翰逊对葡萄酒的叙述也不断成为经典之谈。在他的书中，他以自身的观点，依照酒的酿造方式、葡萄的种植方式以及地理区域的差别，将酒区划分为新世界与旧世界两种。目前，该观点已经成为了酒界的区分标准。说到底，这就是约翰逊随性的生活和他的人生乐趣。

中国女品酒师的精彩人生

记得巩俐曾拍过一则这样的红酒广告：微微灯光，粉面相映，美女柔指轻握一杯红酒对你粲然一笑。这种情景，有着说不尽的勾魄，道不出的性感。

不知大家是否听过这样一句话：一般的女人不喝酒，女人不喝一般的酒，喝酒的女人不一般。女品酒师的职业，正符合了这句话的内涵。

在人们的眼中，女品酒师是一个既神秘又有趣的职业，那么，那些月薪过万的女性真如大家想象的那样惬意，过着"左手红酒，右手钞票"的生活吗？她们个个都是"女酒鬼"吗？时尚品酒师到底是怎样炼成的呢？读读女品酒师艾雪的经历，相信大家对她们的职业就会有一个大致的了解。

一、奇遇

1999 年 4 月，艾雪丢掉了来之不易的工作。然后在父母的期盼下，独自闯到了上海。几经周折，她最终凭借自己可爱的长相和伶俐的口齿，被陆家嘴一家星级酒店录用，成了一名"红酒咨询小姐"。

这是一份专业性很强的工作，其职责就是帮助客人选出他们需要的酒。该酒既要与桌上的菜搭配好，又要兼顾客人的口味和性格，还要顾及到餐桌上的气氛。

这家酒店光葡萄酒就有 400 多种。刚开始时，艾雪被搞得头晕脑胀。背了好几个通宵后，才渐渐记熟了这些酒的价格、特色、口感和产地等信息。

后来，她有幸在酒店结识了法国人乔恩。乔恩是上海一家著名葡萄酒公司的首席品酒师，时常光顾这家星级酒店。他非常喜欢在酒廊里和艾雪聊天品红酒。由此，艾雪对品酒也更加着迷。

2001 年 7 月的一天，乔恩无意中向她透露了一个消息：由于上海的品酒人才缺口很大，他所在的葡萄酒公司为了积蓄"后备力量"，将开设品酒师培训班，面向社会招收一批嗅觉灵敏的年轻人。成绩优秀者，将有可能成为这家中法合资公司的高级品酒人员。

听到这个消息后，艾雪兴奋不已。尽管学费昂贵，她还是决定辞掉工作去学品酒。她坚信：只要朝着自己热爱的方向努力，就会有收获。

经过近一年的学习，艾雪几乎耗尽了自己所有的积蓄。当然，她也系统地掌握了品酒的理论知识。为了实践从书本上学到的品酒绝招，临毕业前的两个月，她天天练习品酒，并试着为每一种酒写酒评。

二、品酒生涯的酸甜苦辣

为了成为一名真正的品酒师，艾雪一直咬着牙坚持训练。她每天吸入鼻腔的酒气就将近20毫升，不知不觉喝下的各种红酒更有两三斤之多。没过多久，她觉得那些让很多人如醉如痴的红酒，对自己简直就是一种折磨。

因为每天不停地尝酒，她的舌头被酒精刺激得发黑，从舌尖到舌根都肿了，眼睛也红了。更让她始料不及的是：有一天，她突然发现自己闻什么都没有味了。乔恩说，这是由于品酒太多，味觉和嗅觉暂时麻木了，休息一两天就好了。果然，休息两天后，她又重新投入了"战斗"。

挺过了最艰难的时期后，她的品酒水平得到了飞速提高。半年后，只要酒一入口，哪怕被蒙着双眼，凝神静气地细品一会后，她就能准确地说出此酒应属哪种档次，是果香类、花香类、植物类、动物类还是熏烤类，以及它的酒精浓度是多少……丝毫不差的品评，展现的是女性特有的细腻和敏感。直到此时，她才真正开始参与公司的品酒工作。

当上品酒师后，她不得不改变自己的饮食习惯。首先，她放弃了吃火锅，改吃清淡的食品，喝清淡的绿茶，以保持对酒味的高度敏感。其次，在品完一种酒之后，她还得强迫自己吃几口以前从来不吃的鸭梨。鸭梨的糖分不重，可以帮助品酒人保持口腔的清新度，且不会破坏品下杯红酒的感受……

三、"品"出来的精彩人生

作为职业品酒师，艾雪不仅要为公司新推出的每一种红酒严把质量关，有时还要协助酿酒师开发新产品。2003年4月，公司决定由她和一名酿酒师挂帅，组建一支开发队伍，试制新型葡萄酒。

经过一个多月的辛苦付出，他们新酿制的一种样品酒获得了95%以上的试尝"酒民"的赞同。于是，该酒顺利地投入了生产。到2004年初，这种极受白领女性青睐的红酒打开了市场，并占领了北方地区很大的市场份额，为公司

创造了1500多万元的利润。当然，作为酿制该红酒的功臣，艾雪和参与研制的同事也从公司拿到了丰厚的奖金。

随着工作经验的不断丰富，艾雪渐渐被锻造成了一名资深品酒师。透过一口红酒，她甚至可以判断出葡萄树的"年龄"。有一次，她对公司新推出的一款酒写出了这样的改进意见："今天这款酒，葡萄藤还有点嫩，再让它长个3年左右，所产葡萄的口感一定会更出色。"对她的品酒功夫，公司老总心悦诚服。于是，她的月薪也得到了不断提升。加上各项奖金，她的年薪已经超过了30万元。

除了不菲的收入外，品酒师每年都有出国旅游的机会。当然，她们不是去欣赏那些名胜古迹，而是走进一个个美丽的葡萄园。世界上许多有名的庄园，几乎都留下了艾雪的足迹。法国布根地梦雪真葡萄园、爱士图尔庄园葡萄园、罗曼丽康帝葡萄园……

每到一处，她便去拜访酿酒师，观察每一片土壤，每一颗葡萄，走入酒窖中研究各种工具的奥秘，翻阅关于葡萄酒文化的书籍和典著。后来，她还撰写了一本约200页的《葡萄酒鉴赏》，受到了业内人士的好评。

尽管已经拥有了自己的房子和车子，而且也取得了品酒师资格证书，个性要强的艾雪却没有满足，她盯上了另一座高峰——行内最高级别的硕士品酒师。目前，世界上有资格颁发品酒师硕士证书的只有伦敦葡萄酒学院。艾雪打算2005年开始准备，4年后也去英国考试，争取成为第一个拿到硕士品酒师证书的中国人。

香港酒神黄雅历

说到享受，通常都离不开美酒佳肴。而真正懂得品味美酒佳肴的人，非美食家莫属。黄雅历先生就是一位这样的美食专家。

黄雅历，原名黄惠民，记者出身，是香港知名的美食家、酒评家和作家。他写的有关酒的著作有《酒中传奇》，翻译的作品有《葡萄牙佳酿》和《波特酒指南目录》。

黄雅历出生于享有"美食之都"之称的香港，被世人尊称为"香港酒神"。他一生喜爱追求人生享受，谈饮讲食，曾被邀担当不少饮食集团的顾问。对于美食佳酿，他总有一番独特的见解。

黄雅历对酒的热爱程度，非常人能比。美酒，当下以红酒最为时尚。在大家的理解接受刚刚起步的时候，黄先生已经在香港媒体上写了30多年的酒评，为圈内人士留下了一部部令人交口称赞的作品。

对于国内葡萄酒业的现状，黄老的评述是："尽管近年来中国已经形成十大酿酒葡萄产区，总面积达72万亩左右。但是，从总体上来说，中国葡萄酒业的发展还不太成熟。"

"国产酒由于颜色不够、口感偏淡等等原因，使用进口的葡萄原酒与国产葡萄原酒进行勾兑时，可以调整产品的风味和风格。但是，调兑出来的红酒难以成为优质葡萄酒。这是因为在长途运输的过程中，由于晃动太大，容易存在氧化的过程，使进口葡萄酒失去做优质葡萄酒的先天条件。外国大多优质葡萄酒都是在当地即时入窖，即时发酵，更讲究夜晚摘葡萄。就算是从法国运往英国，也难以酿成优质的葡萄酒，更何况是运往中国？"他说的这些话，后来都被事实证实是对的。

黄老先生曾多次游历法国，到过不少著名的红酒酒庄。他发现：法国红酒的文化可谓博大精深，既有几百万一瓶的传世之酿，也有几毛钱一瓶的行货。回到国内后，看到坊间的红酒良莠不齐，他便忍不住有种"好为人师"的冲动。按他自己的说法，美酒应与懂得欣赏的人共享。

同样是一瓶好酒，在1000个酒徒手中，可能就会有1000种喝法。黄老先生每次喝酒时，都要求净饮，那是他的一种职业习惯。而且每次看到新酒时，他总要拍照存底。

黄老先生不仅爱品酒，还喜欢收藏酒和酒瓶。对于他这样的品酒大师来说，马爹利（MARTELL）的"金王"，人头马（REMY MARTIN）的"路易十三"，还有轩尼诗（Hennessy）的"李察"等都是爱酒人士必备的选择。只是这几瓶酒，价格都不菲。黄老曾自嘲地说：踏足社会数十年光景，收入虽然一直不错。但是，银行存款却不殷实。原因是他把所赚的钱的大部分都进贡给了洋酒商，然后换回了各种不同的漂亮酒瓶。

喝酒的人往往容易交往，因为他们都是性情中人。黄雅历在香港有一个喝酒的圈子，他的谦谦君子之风在好友圈中有口皆碑。数十年前，黄雅历便和香港的影视大佬张权等人在香港搞了一个"文谈会"，开了当地文人谈吃谈喝之风。

为了吃，真美食家不怕辛苦；为了吃，真美食家也可以贡献毕生的幸福。在许多人从商、从政之后，黄雅历却继续走着他的"文化酒旅"，誓把吃好、喝好的美食主义精神继续发扬下去。

知名演员与红酒

美国作家威廉·杨格说过这样一句话，"一串葡萄是美丽、静止与纯洁的，但它只是水果而已；一旦压榨后，它就变成了一种动物。因为它变成酒以后，就有了动物的生命"，这句话有效地抓住了红酒的灵魂。

一、张曼玉与红酒

女人是这个世界上最浪漫、最感性，也是最时尚的族群。把红酒比喻成女人一点也不夸张。层次分明的新酒，就像年轻姑娘的笑颜，充满朝气，充满灵性。品一口后，将给人留下一种清醇的香甜；颜色均匀的陈酒，像中年女人成熟的背影，风韵十足，却又扑朔迷离。细细品味后，将有一种醇厚的幽香；呈棕色的陈年佳酿，则像老年女人深邃的眼眸，尘封着多年的世事沧桑，浓郁的醇香一开即散，无法阻挡。

最能代表红酒的中国女性，非张曼玉莫属。每次看到她，总会诧异于她那种气定神闲的感觉，使人不由想到琥珀杯中微微荡漾的红酒，忍不住想要细细品味。

据悉，新天葡萄酒公司，还曾邀请张曼玉与梁朝伟一起为其葡萄酒做宣传推广活动，并为新天品牌葡萄酒代言。

有人曾用酒来比喻刘嘉玲和张曼玉。说刘嘉玲是白酒，而张曼玉是红酒。白酒热烈而坦荡，红酒醇厚而优雅。白酒的醇香是无限放纵与横扫一切的马蹄，它需要有足够的信心与能量才可以驾驭，而红酒的醇香是随着岁月的累积而慢慢散发出高贵与永不流失的气质的，它需要有足够的耐心与毅力，这样才能在味蕾中孕育出云雨。

因此，张曼玉在领奖台上风光无限，而刘嘉玲的感情生活却缱绻完美；张曼玉精神上的风貌让她像在贵族的沙龙里悠闲散步的波斯猫，刘嘉玲物质上的

马不停蹄则让她越发像从安徒生笔下飞出来的白天鹅。个中滋味，确实是另有
千秋。

二、任泉与红酒

除张曼玉之外，张国荣、任泉等知名演员也与红酒有着非常密切的联系。
作为一名演员，任泉戏演得很好；作为一个生意人，他可以说是投资理财行
家。早在1998年，他就在上海开了自己的第一家餐厅，而且是越干越红火。不
仅如此，作为一位成功人士，他对红酒的品位也很有一套。

在接受记者的采访时，任泉说：红酒是一种有灵性的物件。在它的前面，
你甚至用"喝"这个字眼来搭配都会觉得有点粗俗，想来想去也只能用"品"
字。从"喝"到"品"，任泉也经历了一个逐渐成熟的过程。

任泉认为，挑选红酒需要智慧。他说：人们在选择红酒时，普遍存在着一
个误区，即一定要挑选贵的、年份久的红酒。虽然价格与年份确实能表现出该
红酒的品质，但是对于一个热爱红酒的人来说，红酒就好比女人。珠光宝气虽
然华丽，社交名媛虽然耀眼，然而，女人的姿态，又何止这寥寥数种，红酒当

然也是一样。

正如法国人常说的：上帝赐予葡萄，我们用心智把它变成人间佳酿。正因为红酒是用心智酿成的，因此，它还有更多值得我们品味的东西包含其中。

任泉说：真正懂喝红酒的人，不是夸耀自己喝过最贵的一瓶酒值多少钱，也无心沉迷于所谓喝一口酒就能说出该酒背后的年份和酿制的葡萄的种类。而是在适合自己的价格范围内，找到一瓶物超所值的酒，然后通过规范的"品酒"动作，帮助这瓶红酒释放出它最精髓的味道。这就好比选择人生伴侣，一定要在自己力有所及的范围内，用智慧和真诚挑选出最适合自己的另一半。

也许是因为对红酒的热爱，任泉开了一个"1969"酒吧。于是，他也有了更多的机会接触到各种红酒。他比较喜欢口味偏甜的红酒，经常喝出自墨西哥、阿根廷的红酒。对于酸口味的红酒，他有时候也喝，特别是在需要思考的时候。

具体谈到如何挑选红酒，任泉介绍：在挑选红酒时，不少初学者都误以为出产年份是最重要的考虑因素。事实上，一个"好年份"对于一支高品质的红酒来说确实很重要。但是，红酒品质的好与坏，还需要看红酒的出产国和地区。

任泉说：根据不同的分类标准，葡萄酒可以分为多种类型的酒。如按其含糖量有甜型、半甜型、干型、半干型之分，按色泽有红、白、桃红的区别。因此，挑选红酒时，一定要根据自己的喜好作出选择。

除了选择适合自己个性和口味的红酒外，任泉强调说：进餐时餐酒的搭配也很讲究。他说，以前在餐桌上喝酒，从来都是从头到尾只喝一种酒，不论白酒、啤酒或红酒，都是大口大口地往嘴里灌。其实，应该是根据菜肴搭配合适的酒。例如，干红配红肉 (猪、牛、羊肉)，干白配白肉 (海鲜、鱼、虾)。另外，在上酒时，应该遵循这样的规律：先以干白开胃，然后进入干红主题；先尝年轻酒，再品老年份的酒。只有这样，才能充分发挥出酒和菜肴的口味。

任泉的这些经验之谈，在前文中都做了详细的介绍。由此也可以看出：任泉对驾驭红酒确实具备了一定的经验和智慧。总之，就像任泉所介绍的，只有这样，才能在复杂的场合和心境下，挑选出好的红酒，最终获得美妙的享受。

红酒地理篇

　　世界上大部分的葡萄酒产地均处于赤道南北两边，大概在南北半球纬度的 30~50 度之间，主要包括法国、意大利、西班牙、美国、智利、澳大利亚、南非等。

　　因为地理位置、气候、土壤等的不同，各国的红酒都有着其各自不同的风格。本书将为读者介绍部分红酒的地理分布，从而帮助读者花最低的价钱买到最好的酒。

法国红酒

就产量而言，法国是仅次于意大利的全球第二大葡萄酒生产国。在世界各地的葡萄酒中，最具有代表性的就是法国葡萄酒。

在全球各地的葡萄酒都发生着巨大的变化时，唯独法国葡萄酒业，始终坚定保持自己传统的酿造工艺。因此，法国葡萄酒也被世人奉为经典极品。

一、简史

古罗马帝国的军队在征服欧洲大陆的同时，也推广了葡萄的种植和葡萄酒的酿造。公元 1 世纪时，他们征服了法国，法国葡萄酒就此起源。

最初的葡萄种植在法国南部的罗讷河谷。2 世纪时，传播到了波尔多地区。公元 768 年—814 年，统治西罗马帝国的查理曼大帝，预见了法国南部到德国北边葡萄园遍布的远景，而且他也曾一度拥有著名布根地产区的可登·查理曼顶级葡萄园 （GrandcruCorton—Charlemagne）。

二、特点

众所周知，法国是最享有盛誉的红酒出产国。人们都称其为红酒之乡。在众多的红酒中，人们之所以钟情于法国红酒，是因为法国不仅是全世界酿造最多种葡萄酒的国家，也是生产了无数闻名于世的高级葡萄酒的国家。

首先，法国拥有得天独厚的温带气候和适宜的土壤，这有利于几百种不同品种的葡萄生长。同时，法国人具有高超的酿酒水平。法国拥有两千年历史的酿酒工艺，它的各个省都有酿造葡萄酒的传统。

其次，法国的产地命名监督机构 (AOC) 对于酒的来源和质量类型为消费者提供了可靠的保证。法国的产地命名监督法规等都为全世界接受和仿效。

总之，法国在决定葡萄酒好坏的六大因素上具备着天赐的优厚条件，使它当之无愧地成为世界葡萄酒中最具权威的老大。该六大因素是：葡萄品种、气候、土壤、湿度、葡萄园管理和酿酒技术。

法国红酒不仅种类繁多、内容丰富、制作精细、历史深远，而且它还容易获取，适合在许多场合饮用。因此，容易为消费者所接受。

三、红酒等级

法国酿制的葡萄酒从高到低分为四个等级：最高级是法定产区葡萄酒 (简称 AOC)、第二级是优良地区餐酒 (简称 VDQS)、第三级是地区餐酒 (简称 VIN DE PAYS)、第四级是日常餐酒 (简称 VIN DE TABLE)。

其中，法定产区葡萄酒 (AOC) 必须符合由法国 INAO 制定且经农业部认可的生产条件，包括：原产地区、葡萄品种、最低酒精含量、最高亩产量、葡萄培植修剪方法、酿酒方法和陈年方法等。所有 AOC 葡萄酒都必须经过分析和正式品尝后，才能获得一张由 INAO 授予的证书。

这些非常严格的规定，确保了AOC 级葡萄酒具有始终如一的高品质和来源，从而使人们能享受到风格各异的上好葡萄酒。

法国质量分级制的原则，被推行到全世界。不过，各国依据自己的情况也有所不同。

四、产区

世界上最好的葡萄酒大多产自法国的波尔多和布根地等区域。法国红酒有六大产区，包括：波尔多、布根地、阿尔萨斯、卢瓦尔河谷地、隆河谷地及法国南部地区。其中又以气候温和土壤富含铁质的波尔多产地最具代表。

1.波尔多

波尔多位处法国西南部吉隆特省，占地有 100000 公顷，从北到南为 105 公里，从东到西为 130 公里。该地属于温带海洋性气候，天气变化稳定，适合种植葡萄。其葡萄园主要分布在吉隆特河、加伦河以及多尔多涅河流域两岸，葡萄酒的年产量为 6 亿公升，其中 75% 为红酒。

在人们的印象中，普遍认为法国波尔多才是真正最佳红酒的故乡。这里的红酒色泽亮丽，一般要在成熟后才适合饮用。其酒质的特色表现为品味浓郁，风味沉着。

在波尔多地区，包括最具代表的五大红酒产区：梅多克、格拉芙、苏玳、圣特美伦、波慕罗。其中，梅多克 (Medoc) 是波尔多红酒的代表产地，此处生产着全世界最高级的红酒。

2.布根地

布根地位于法国东部，占地从北到南为 250 公里，全区种植面积约 45000 公顷，每年生产两亿五千公升的葡萄酒。该地属于大陆性气候，冬季干燥寒冷，春季常有霜害，夏秋两季较为温和。

布根地是第一个被外国人认识的法国区域型酒。法国出口葡萄酒中的一半都是布根地区域的。区域型酒的分类和等级与葡萄生长的地理位置和气候条件有着密切的关系。因此，当地的葡萄种植园非常分散。

布根地的酒在世界各地都有很高的知名度，其声誉与波尔多并驾齐驱。此地的红酒产量占所有葡萄酒的四分之三，其中有一半是薄酒莱，它是用佳美葡萄酿造的，其特色表现为红酒芳香，口感温和。

布根地约有 1800 处酒园，其代表产区有夏布利 (Chablis) 、夜之丘 (Cote de Nuits) 、宝蒙丘 (Cote de Beaune) 、马康内 (Maconnais) 、薄酒莱 (Beaujolais) 。夜之丘和宝蒙丘合称为"黄金山坡"，前者以红酒著称，后者则以白酒为尊。当葡萄成熟时，一眼望去遍地如黄金般碧丽辉煌。黄金山坡便是由此而得名。

3.阿尔萨斯

阿尔萨斯位于法国东北区，隔着莱茵河与德国相望，是法国最优秀的白葡萄酒产区之一，占地达 14000 公顷。这里有 50 块条件特优的特等葡萄园，占地约 585 公顷，使用的葡萄与德国所使用的品种相似。

阿尔萨斯省的酒在法国占有特殊地位。芳香的口感和精心的用料选择是该地区葡萄酒的独到之处。其中，红酒主要有黑比诺、科莱红两种。此外，该省还成功地实现了用葡萄品种来辨认和命名葡萄酒的方法。

所有阿尔萨斯的葡萄酒都必须在本地装瓶，而不能散装出售。也就是说，阿尔萨斯葡萄酒都能保证是原装品质。

4.卢瓦尔河谷地

卢瓦尔河是全法国最长的河流，沿岸的葡萄园从上游中央山地的圣普桑

(St Pourcain) 产区到出海口的南特产区，长达 1000 公里，共有 50000 公顷的葡萄园。

由于距海的远近不同，该地的气候差异很大。离海最远的中央产区几近大陆性气候，比较寒冷干燥；而位处大西洋的南特区属于温带海洋性气候，比较温和湿润。

该地区中出产的红酒主要是在中游都兰地方的其浓与布桂两地。这里出产卢瓦尔河酒区最佳的品丽珠红酒。酒质浓厚圆润、花香浓郁，年轻时就柔和顺口，适合在装瓶两年左右饮用。

5.隆河谷地

隆河坡地区与布根地、波尔多号称法国的三大产酒区。从里昂到亚维侬，全区狭长分为南北两区。

其中，北部产区属于半大陆性气候区，比较寒冷，酿酒的葡萄多为单一品种。由于地势狭窄，葡萄园仅占地 2000 多公顷，生产的葡萄酒红、白皆有。

而南部产区比较开阔，属于地中海气候。此处阳光充足，气候温和干燥，但不稳定，常混合多种葡萄品种。整个隆河地区最珍贵的红酒，当推罗帝坡区的杜克酒。

五、五大酒庄

法国有五大酒庄赫赫有名，它们分别是拉菲庄、拉图庄、奥比昂庄、玛戈庄和木桐庄。法国最顶级的红酒都产自其中。

1.拉菲庄　(Chateau Lafite Rothschild)

一谈到波尔多红酒，相信最为大众所熟悉的就是拉菲庄。该酒庄是由一名姓拉菲 (Lafite) 的贵族于 1354 年创立的，在 14 世纪时就已经相当有名气了。1855 年的万国博览会上，拉菲庄更成为了排名第一的酒庄。

该庄园总面积 90 公顷，每公顷种植 8500 棵葡萄树，平均树龄在 40 年以上。其中卡百内·索维农 (Cabernet Sauvignon) 占 70% 左右，梅乐

(Merlot) 占 20%左右。拉菲庄每年的葡萄酒产量大约为 30000 箱 (每箱 12 支,按 750ml 计算) ，居所有世界顶级名庄之冠。

　　Lafite 红酒的特性是平衡、柔顺，入口有浓烈的橡木味。除招牌红酒 Lafite 外，该酒庄还在智利创立了 Los Vasco 的副牌，大量生产价格低廉的红白酒，积极拓展大众市场。

2.拉图庄　(Chateau Latour)

　　拉图庄位于法国波尔多梅多区　(Medoc) 菩依乐村 (Pauillac) 。它在 16 世纪时被开垦为葡萄园，并于 1855 年被评为法国波尔多一级名庄之一。在不少波尔多红酒客的心目中，拉图庄是酒皇之中的酒皇。

　　拉图庄种植的葡萄以卡百内·索维农为主　(80%) 。每公顷植 10000 株，可以说是密集型种植。但是，该园中多为 30~40 岁的老树，葡萄质量高而产量少，每公顷产量不超过 5000 公升。

　　通常，拉图酒要陈放 10~15 年后才会完全成熟。成熟后的

拉图有极丰富的层次感，酒体丰满而细腻。正如一位著名的品酒家所形容：拉图就犹如低沉雄厚的男低音，醇厚而不刺激，优美而富于内涵，是月光穿透层层夜幕洒落的一片银色。

一些原本喜爱烈酒的酒客，因为健康原因要改喝红酒，Latour 便成了他们的首选。该酒庄也因为有众多酒客捧场，成为了酒价最昂贵的一级酒庄之一。

3.奥比昂庄 (Chateau Haut-Brion)

奥比昂酒庄是唯一以红白葡萄酒双栖顶级酒单的法国波尔多酒庄。同时，它也是唯一一个在梅多克之外的红葡萄酒列级酒庄。

该酒庄位于波尔多市南郊的佩萨克 (Pessac) 。早在 2000 年前，佩萨克就已经开始种植葡萄，是波尔多葡萄酒的发源地之一。

奥比昂酒庄出产的红酒有属于 Graves 区的特殊泥土及矿石香气，口感浓烈且回味无穷。该庄园不仅红葡萄酒闻名世界，其白葡萄酒更为出色，是波尔多干白葡萄酒之王。

目前，奥比昂庄园为美国人所拥有。

4.玛戈庄 (Chateau Margaux)

玛戈庄是波尔多的红酒产区之一，同时，它也是酒庄的名称，是法国国宴的指定用酒。成熟的 Chateau Margux 口感比较柔顺，有复杂的香味。如果碰到上佳年份，还会有紫罗兰的花香。

如果说拉图庄 (Latour) 是梅多区"酒皇"的话，那么，玛戈庄 (Chateau Margaux) 就应该说是"酒后"了。

5.木桐庄 (Chateau Mouton Rothschild)

木桐庄坐落于拉菲庄的旁边。它在 15 世纪时，就已经是种植酿酒葡萄的园地，然而，一直到 1730 年 Brame 家族买下该地后，该园才算得上是个像样的酒庄。

木桐庄红酒以 85%的卡百内·索维农 (Cabernet Sauvignon) 酿制，色泽深红，香气浓郁，味道刚烈强劲，个性突出。在开瓶之后，酒的酒质与香味变化多端，通常带有

咖啡及朱古力香。

　　木桐庄红酒早年单宁强烈，需要经过 15 年左右的陈年（至少 8 年）后，才能展现出真正的风采。太早饮用的木桐庄就像新世界酒一样粗犷，但果香丰盈。

　　1973 年，法国破例让木桐庄升格为一级酒庄。到目前为止，它也是唯一一座获此殊荣的酒庄。

　　1993 年起，木桐庄开始出产副牌酒"小木桐庄"（Le Petit Mouton de Mouton-Rothschild）。该酒一上市，定价就高于所有的名庄副牌，甚至还超过了不少二级名庄。

　　木桐庄庄主非常有商业头脑，不仅普通餐酒 Mouton Cadet 的年出产量达数百万瓶。而且，该酒庄每年还会邀请一位世界知名的艺术家，替"招牌酒" Mouton Rothschild 设计当年的标签。由于酒的标签本身就颇有艺术价值，因此，即使某年的酒不好喝，仅仅酒瓶就是珍贵的藏品。

　　除以上五大酒庄外，法国酒庄中还有白马酒庄、奥松酒庄和柏翠酒庄也很有名。它们与五大酒庄合称为八大酒庄。

意大利红酒

意大利是每年葡萄酒产量占全世界第一的国家，该国生产的葡萄酒占世界葡萄酒生产量的1/4，其输出量和消费量都堪称世界第一。古代希腊人曾把意大利称做葡萄酒之国。

一、简史

意大利的葡萄酒历史久远，已经超过3000年，是全世界最早的酿酒国家之一。

共和制时代的雄辩家西塞罗，皇帝恺撒等都曾沉迷于葡萄酒之中。由于维苏威火山爆发而一夜之间化为死城的庞贝城的遗迹里，仍保留有很多完整的葡萄酒壶。

据说，古代的罗马士兵们去战场时，和武器一块儿带着的就是葡萄苗。当领土扩大时，他们就在那儿种下葡萄。这也是从意大利向欧洲各国传播葡萄苗和葡萄酒酿造技术的开端。

二、特点

南北呈细长形的地理特点，使得意大利的自然环境也各式各样。地中海型气候、充沛的雨水与充足的阳光，更孕育出了意大利酒的优良特性与独特风味。

在北意大利严酷的自然环境中，出产了世界有名的、品质优良的浓厚红葡萄酒。在中部，则是杉木林立，在低缓的丘陵上遍布着葡萄园。这里的葡萄可制成充满生气的、柔和的基安帝（Chianti）葡萄酒。而在意大利南部，由于能充分享受到阳光，因此，该地多生产酒精含量高且烈性的葡萄酒。

意大利的葡萄酒，基本上以红酒为主。其中，大部分的意大利红酒都有较高的果酸，其单宁的强弱根据葡萄品种的不同而各有不同。饮用意大利红酒时，应注意不要单独饮用，而应搭配一定的食物。

三、红酒等级

意大利的红酒按照 DOC 法令分等，它相当于法国的 AOC。这个法令管制着意大利葡萄酒的品质，于 1963 年生效。

该法令规定了：每个产区的地理界限、能够使用的葡萄品种、每种葡萄使用的比例、每英亩最高葡萄酒产量、葡萄酒最低酒精含量，及各种酒在木桶或酒瓶中存放多久的陈年需要。

名　　称	年份、产地	等　　级	颜　色
Corbera Isola d'Oro	2003 Sicilia	IGT	Rouge
Corbera Rosso	2003 Sicilia	IGT	Rouge
Chianti Putto di San Fabiano	2001 Chianti	DOCG	Rouge

四、产区

意大利有三个地区的红酒最为著名。这三个地区分别是指皮得蒙、维内托和托斯卡纳。由于这三个地区的温度气候不尽相同，因此，它们所生产的酒的口味也有所不同。

1.皮得蒙

(Piedmont)

当前世界上最大的葡萄酒生产国是意大利，而意大利最大、最著名的葡萄酒产区就是皮得蒙。

皮得蒙位于意大利的西北部，本区的特色是使用单一葡萄品种酿酒。它采用的葡萄有三种：一种

是巴伯拉 (Barbera)，用来酿造简单的日常餐酒；一种为杜塞托 (Dolcetto)，用来酿造单宁低、口感柔和的红酒；还有一种是奈比奥罗 (Nebbiolo)，用来酿制颜色深沉、单宁强劲、香味丰富的高质红酒。

2.维内托 (Veneto)

维内托是位于意大利东北部的葡萄酒产区，是意大利享负盛名的红酒产区。此地生产的红酒清新淡雅，不需储存，随时购买，立即能喝。

该地区包括三大酒庄，分别是摩力图 (Molleto)、摩仕拿 (Musella) 和威素尔 (Vise)。

3.托斯卡纳 (Tuscany)

托斯卡纳位于意大利中部，在三大产区中规模最大、历史也最悠久。这里气候温和，尤其是沿海地带，由于常常受到来自非洲撒哈拉沙漠的西洛可风的影响，降雨非常频繁。

该地区是高级葡萄酒的产地，也是意大利最大的红酒产地。其红酒所采用的葡萄品种都属于桑乔威斯的分支。

用稻草包扎的康帝酒，即大家所熟悉的意大利红酒。其特色就在于酸味及新鲜的口感。从前，意大利葡萄酒甚至可以与康帝酒画上等号。此外，托斯卡纳州也是著名的基安帝红葡萄酒 (Chianti) 的家乡。

托斯卡纳区的安蒂诺里酒坊 (Antinori) 是一个拥有 600 年以上历史的意大利国宝级葡萄酒坊。该酒坊代表了意大利葡萄酒的悠久历史和传统。多年前，该酒坊开始将法国波尔多最常见的品种赤霞珠和品丽珠引进基安帝产区 (Chianti)，并在传统的酿造 Chianti 方式中加入这两种葡萄，进而酿造出了如法国波尔多顶级酒的口感。

西班牙红酒

　　西班牙有 160 万公顷的葡萄园，是世界上面积最多的葡萄种植园国家。但是，其严酷的生长环境和比较粗放式的种植方式，使该地每公顷葡萄的平均产量只有 2000 公升，从而也使西班牙在葡萄酒总产量上少于意大利和法国，而屈居世界第三。

一、简史

　　早在古罗马时期，西班牙就盛行酿酒。随着历史的发展，虽然其葡萄酒业曾经一度衰落，但至今已再度兴盛。

　　20 世纪的复兴之风中，全国都斥资在葡萄种植和酿酒设备上。1982 年起，仅利奥哈产区的酒厂数量，就从 42 家增加到 82 家。每公顷土地的售价也从 1970 年初的 1 万美元增加到 10 万美元。

　　不少具有企图心的酒厂制造出了越来越多品质优异的葡萄酒。特别是在红酒方面，除了早已知名的利奥哈 (La Rioja) 和佩尼第斯 (Penedes) 外，那瓦尔 (Navarra) 、索蒙塔诺 (Somontano) 以及卡塔隆尼亚区内的几个产区等等，都已有了长足的进步，而且受到了国际上的肯定。

二、特点

　　西班牙是一个充满酿酒传统的国家，它的大部分产区都有不少出色的葡萄酒。其中，主要以红葡萄酒为主。西班牙红酒和法国红酒一样，大都是偏干红一类，口感微酸，后劲很大。

　　气体类型的红酒是西班牙酒的特色，其中以气泡的雪莉酒、利奥哈酒和起泡卡瓦酒最为著名。特别是利奥哈地区所生产的红酒，其品质堪比法国红酒，而且它们的价格相当合理，甚至比意大利酒还便宜。

如果西班牙产的酒标上有 Reserva 这个词，则意味着该酒是"珍藏"酒。即酒商特别挑选该酒，然后经过较长时间的木桶和瓶中陈年而制成。

三、红酒等级

西班牙葡萄酒分为两大级别：一般等级葡萄酒和高级葡萄酒。

1.一般等级葡萄酒

一般等级葡萄酒又可以细分为三个级别：

★ VDM（VINO DE MESA）：这是最低一级的葡萄酒。不管是哪个产区酒混合而成的酒，当其品质不符合其他更高级别的规定时，就可以标为该等级。

★ VC（VINO COMARCAL）：该级别稍高。该级别的酒需要标出葡萄的产区。但是，它没有生产方面的规定。

★ VDLT（VINO DE LATIERRA）：该级别酒约等同于法国的 VDP，又稍逊于 DO 级。该级别酒的规定较少且简单。

2.高级葡萄酒

高级葡萄酒包括两个级别：

★ DO（DENOMINATION DE ORIGEN）：法定产区等级葡萄酒。这是具有较高品质葡萄酒的象征。成为 DO 产区必须要建立严格的管制系统，同时，所产的葡萄酒也必须符合传统，并具有相当的知名度。目前，西班牙已有一半的葡萄产区被评为 DO。

★ DOC（Denominatión de Origen Calificada）：知名的原产地装瓶酒，等同于法国的 AOC。列属该级别的酒，必须在原产地装瓶，以确保品质。目前，全西班牙唯一被核定为 DOC 级别的产区，只有利奥哈。

四、产区

东北部是西班牙优等葡萄酒的重镇，从利奥哈产区向东经那瓦尔和亚拉岗，一直到卡塔隆尼亚都是相当著名的产酒区。其中，以利奥哈产区的产量最大。

1.利奥哈

利奥哈是西班牙最著名的葡萄酒产地，被誉为"西班牙的波尔多"。同时，它也是全西班牙唯一被核定为 DOC 级别的产区。该产区多生产质量稳定、价格不太昂贵的中价酒。

浓醇温厚的利奥哈红酒早已享誉国际，甚至连盛产红酒的法国，每年也要从利奥哈购买大量红酒，然后打上普罗旺斯的标志。

Alvaro 是利奥哈知名的红酒。在市场上所能见到的 Alvaro，不用看生产日期，至少都有 5 年以上的历史。

2.卡塔隆尼亚

位于地中海岸的卡塔隆尼亚区以出产各式各样多元的葡萄酒著称于世。其北部地区靠近巴塞罗那，主要出产托雷司品牌的红酒，该红酒也被称为公牛血（西班牙文 Sangre de Toro）。

若干年来，良好的品质使这种酒成为了西班牙最好的红酒之一。它甚至被誉为西班牙的名片，出现在世界各地的红酒铺及红酒名单上。2003 年的公牛血，是使用传统工艺混合 Grenanche 和 Carignan 葡萄酿造的红酒，其气味芬芳。

公牛血的发展史，虽然不能全面地反映西班牙酒业的发展，但它却是卡塔隆尼亚地区发展史中的重要部分。

3.那瓦尔

由于那瓦尔位于朝圣的道路上，因此，在中世纪时，此地的葡萄酒业就得到了发展。到 19 世纪时，来自法国的葡萄酒业移民更带动了该区域葡萄酒的发展。

近年来，由于酿酒技术与设备上的改进，以及卡百内·索维农、梅乐等国际知名葡萄品种的引进等，使得那瓦尔逐渐走出了自己的风格。以格那恰酿成的玫瑰红酒是此地的主力产品。目前，该地区已经逐步改种田帕尼优等潜力较好的品种。

希腊红酒

葡萄酒是希腊人最喜欢的饮品。在希腊，无论富人还是穷人，每餐都不能缺少葡萄酒。他们相信：好的葡萄酒不仅营养丰富，还能软化血管，是最好的保健酒。

一、简史

随着罗马帝国的势力扩张，葡萄酒被推广至欧陆地区。追本溯源，将葡萄酒传入罗马的就是希腊。如果说意大利是"葡萄酒之父"，那么，希腊就可以说是"葡萄酒之母"。

希腊早在 6000 年前就有了酿酒工艺。酒与希腊古老的文明紧紧相连。如果说没有酒，就没有欧洲的历史和文化的话，那么，作为西方文明摇篮的希腊，在酿酒业方面也可以说是欧洲的先驱。

古希腊将葡萄酒视为人类智慧的源泉。在各种装饰物中，随处可见葡萄、葡萄园和盛满葡萄酒的各种泥陶酒具。

随着葡萄酒逐步地进入商业领域，希腊最早规范酿酒业。它是世界上第一个用法律形式规定关于生产与经营葡萄酒的国家。

二、特点

希腊多山多岛屿。该国 51% 的葡萄园都在生产供酿酒用的葡萄。由于各个地区的气候及地势高低的差异，该国盛产的葡萄类型多种多样，葡萄酒的品牌种类也比较繁多。希腊的干红、干白、玫瑰红、深红等葡萄酒，由于产地不同，口味也各异。

希腊的葡萄酒是黏稠状的液体，它由水、蜂蜜和牛奶调配而成，其中还加入了松脂。其制法相当特别，喝起来不仅有点刺激，而且清凉畅快，与希腊菜的风格非常相配。

目前，希腊将最现代化的科学方法与旧世纪的传统工艺相结合，生产出的葡萄酒具有口味好、品位高的特点，被列入了世界最好的酒类之中。

希腊的红酒特别醇，充满着让人难以抗拒的魅惑。在这里，一瓶精美绝伦的红酒佳酿，在饮用前一定要先唤醒它的记忆。在精美的红酒杯中与空气充分交融后，红酒浓郁醇厚的香味才能慢慢地散发出来。

三、产区

希腊的红酒主要分布在钠乌萨地区。钠乌萨位于希腊的北部。该地气候较凉，主要出产希腊最好的红酒。当地人也称其为"黑汁酒"，形容这种酒的颜色和浓度非常重。该地区有近 700 亩地的葡萄园为这种酒提供葡萄。

赛萨里亚地区是希腊主要的肥沃平原。该地的气候也适合种植葡萄。在西部的奥林匹斯山和东部的爱琴海的影响下，该地的气候变化很大，很多品牌酒都产于拉波撒尼、安赫里奥斯和迈色尼克拉三个地区。在这里，主要盛产白色和淡红色的罗迪滋司葡萄酒。

美国红酒

美国的葡萄酒非常多样化，从日常饮用的餐酒，到足以和欧洲各国媲美的高级葡萄酒都有。近年来，美国葡萄酒的口味改变了许多，直到今天，它仍在继续发生改变。目前，清淡、果味、香味的白酒及欧式红酒，逐渐取代了口味浓重的红酒。其中，较常见的红酒有布根地红酒和卡百内·索维农红酒(Cabernet Sauvignon)。

一、简史

美国是新兴的葡萄酒大国。它最早的酿酒历史始于16世纪中叶。然而，其葡萄酒酿造业却始于18世纪的宾夕法尼亚州。1830年，加州开始酿造葡萄酒。

近30年来，美国在科技不断进步的环境下急起直追，成为了优良葡萄酒的生产国。

二、葡萄酒标签

1983年，美国政府对葡萄酒酒瓶标签上的内容做了如下规定：

★凡标出葡萄栽培区域名称的，必须符合下述规定：标有州、县名称的，至少有75%的葡萄来源于该地区；如果是相邻地区的，则每个地区所使用葡萄的比例要写明；如果是政府部门规定的"限定地区来源"的葡萄酒，则85%以上的葡萄要产于该地区，并且酿酒过程必须在这个葡萄产区的州内完成。

★凡是年份葡萄酒，则该酒所用的葡萄必须有95%是来源于该年收获的葡萄。

★如标有"Estate Bottled"字样的，则要求所用的葡萄必须生产于该葡萄产区，酒厂也要在该区域里，并且由其掌管该葡萄园和葡萄酒的所有生产过程。

★ 如标有"Proprietor Grow"或"Vintner Grow"字样，则要求所用葡萄必须是生产厂家拥有的或掌管下的葡萄园收获的。

★ 二氧化硫的含量如果超过 10ppm，应在标签上标明"含有亚硫酸盐"。

★ 标签上必须标明酒的酒精含量。通常，佐餐葡萄酒的误差范围应控制在±1%之间。

★ "Produced"表示至少有 75%的酒的生产过程是由该酒厂控制的。

三、红酒等级

美国的葡萄酒等级大致分为两种。即普通葡萄酒 (Generic Wine) 和上等葡萄酒 (Varael al Wine) 。

四、产区

在美国境内，位于太平洋沿岸的加州、俄勒冈州、华盛顿州以及东岸的纽约州是主要的葡萄酒出产区。这些地区被划为 AVA 产区，是政府认定的葡萄栽培地区。其他葡萄酒产区则分布在俄亥俄州、密苏里州、伊利诺伊州和密西根州等地。

1.加州

美国加州是最早成名的新世界葡萄酒产区，是世界第六大酿酒区。因为海洋的调节，使加州葡萄酒得以保留优雅细致的风味。其特色主要表现为芳香带甜，酱果味浓郁。通常，该地生产的葡萄酒在出厂后，即可饮用，而不太需要陈年。

此外，由于加州阳光充足，气候温和，因此，该地几乎年年都是好年份。当今最好的红酒就产于加州的那帕谷。其中，主要的葡萄品种为莎当妮和卡百内·索维农。

加州的产酒区分布在北部、中岸及中央谷。其中，北部的 Sonoma 和那帕谷 (Napa Valley) 以拥有较多大型酒厂而闻名。那帕谷是美国最优秀的顶级名酒产区，这里云集了不少全美国乃至全世界最高品质的酒庄。此地的红酒浓郁甜美、底蕴深厚、豪迈宽广，是红酒"新势力"的领军。

2.华盛顿州

华盛顿州地处美国的西北角，是美国第二大高档葡萄酒产区，仅次于加州。同时，它也是美国葡萄酒产量增长速度最快的产区。该州拥有 350 家葡萄酒厂，经营着 20000 英亩的葡萄园，每年的年利润可达 24 亿美元。

该地区夏日生长季的年均光照为 17.4 小时，比加州主要的葡萄生长区还要多 2 个小时。如此充足的阳光使葡萄可以充分地生长和成熟，而寒凉的夜晚又使果实自然的酸度得以较高地保留，从而创造出了拥有丰腴香气与味道，且非常平衡的葡萄酒。

在该地区种植的葡萄品种中，红葡萄品种占 52%，白葡萄品种占 48%。主要的红葡萄品种有：梅乐（Merlot）、赤霞珠（Cabernet Sauvignon）、席拉（Syrah）、品丽珠（Cabernet Franc）和桑乔威斯（Sangiovese）。

3.密苏里州

密苏里州是美国西海岸之外的最好的葡萄酒产区。在禁酒令实施之前，密苏里州还曾经是全美最大的葡萄酒产区。

这里的葡萄品种很少有人听说过，主要有诺顿（Norton）和卡托巴（Catawba）。另外，该州还出产一些鲜为人知的甜型葡萄酒。目前，这里生产的多数葡萄酒的价位容易让人接受（通常零售价不高于 15 美元）。

五、红酒的研究和发展

由于红酒的流行，美国科学家加强了对红酒的研究。结果发现：红酒可以起到抗癌、延长寿命、保护视力、预防感冒、抗乳腺癌、抑制牙周病、预防阿尔兹海默病等作用。

为了使红酒得到更好的发展，据美国媒体的消息，经过长时间的资金筹款，最近，美国华盛顿州雅吉瓦学院开始了红酒中心建筑大楼的工程建造，预计资金为 250 万美元。该工程完工后，将会是原 Grandview 校园的两倍大。

2003 年，雅吉瓦谷社区学院以 75 万美元买下了 Grandview 市中心古老的 Safeway 店铺。3 年来，该学院一直在筹集资金，希望将该店铺改建成一所重要的红酒教育中心。华盛顿州的健康和红酒业为该项目作出了很大的贡献，各种各样的基金和个人捐助使资金凑足了 250 万美元，足够完成该工程的修建。

9000 平方英尺的红酒中心将包括一个教室、一个实验室、红酒厂教学区、两间酿酒厂培育室、一间储存室和一间组合的品酒室。所有这些设置，目的都是为了使学员们能得到一手的教育。

阿根廷红酒

阿根廷是新世界葡萄酒的代表性国家，是世界上的第五大产酒国。同时，它也是南美洲最大的葡萄酒产国。

一、简史

大约 500 年前，在美洲大陆的南部地区，西班牙征服者找到了土质特别适合于种植葡萄的大片土地。到 16 世纪中叶，他们首先在圣地亚哥德埃斯特罗栽植葡萄，以后又向今日的阿根廷西北部和中西部扩展。

从 19 世纪起，由于大量欧洲移民的到来，引进了新的栽植技术和新的葡萄品种。其中，主要的葡萄品种包括玛尔贝克 (Malbec) 、Pedroximenez 及 Criolla Grande。

随后，意大利人、西班牙人、法国人和德国人在阿根廷建立了种植葡萄和酿制葡萄酒的最早的几大家族，形成了国际闻名的葡萄种植业和酿酒传统。阿根廷因此也成为了世界上葡萄品种和葡萄酒品种最多的国家，成为欧洲葡萄酒业的原料供应基地。

据阿根廷国家葡萄酒研究所统计，目前，阿根廷国内注册的酒窖共有 26093 个，葡萄的种植面积达 21 万公顷。在阿根廷每年收获的葡萄中，有 97% 用于酿造葡萄酒。

二、特点

红酒是仅次于足球和探戈，而使阿根廷人最引以自豪的国粹。该国的红酒

以又平又好而著称。

阿根廷的葡萄酒产区非常干燥，其葡萄的种植与我国的新疆地区一样都需要灌溉。这里的日照相当充足，早晚温差也大，非常有利于酚类物质的积累，且其单宁相当成熟，因而，阿根廷年轻的红葡萄酒喝起来都很可口，而且甘美甜润。

或许是由于土壤的关系，阿根廷红酒给人的总体感觉是带着拉丁民族的硬朗、热情奔放和一点神秘感。从果香浓度、酒体丰厚、余韵绵长三个角度而言，其红酒常常有不俗的效果。

在国际葡萄酒行业中，阿根廷被喻为新世界葡萄酒国家中的"沉睡的巨人"。这主要是因为阿根廷葡萄酒的出口与内销比较相去甚远。然而，业内人士指出：由于土地肥沃和劳动力低廉等因素，阿根廷的葡萄酒一定会在国际市场上占据越来越重要的地位。

三、红酒分级

1959 年，阿根廷农业、畜牧业、渔业和食品国务秘书处通过了葡萄酒法，并于1989 年 2 月 28 日对该法律做了修订。该法律根据阿根廷国内葡萄酒产地的不同气候条件，将葡萄酒划分为 A 级、B 级和 C 级。

法律规定：A 级葡萄酒的酒精度数不得低于 12.5 度，B 级不得低于 15 度。这两种级别的葡萄酒在酿制过程中不能添加任何含有酒精的物质。C 级葡萄酒的酒精度数同样不得低于 15 度，但允许在加工过程中加入含酒精和糖分的物质。

在阿根廷，葡萄酒的等级还可以按照酿造的时间来划分。位于阿根廷西部拉利奥哈省的 San Huberto 酒窖已有 100 年的历史，是阿根廷最知名的酒窖之一。该酒窖将葡萄酒大致分为三个等级。

一等酒名为陈酒 (Premium)，这种酒至少要在木桶里或者瓶子里酿制 12 个月，一般能在瓶中保存 8 年；二等酒名为次陈酒 (Crianza)，这种酒至少要在木桶里或者瓶子里酿制 6 个月，一般能在瓶中保存 6 年；三等酒名为新酒 (Joven)，这类酒至少要在木桶里或者瓶子里酿制 2 个月，一般能在瓶中保存 1~4 年。

四、产区

阿根廷的产酒范围由南纬 25° 延伸至 40°，在南美洲的安第斯山脉 (Andes Mountain Range) 之下。其生产大省包括门多萨省、圣胡安省、里奥内格罗省和拉利奥哈省。

1.门多萨省

目前，阿根廷的主要葡萄酒产区集中在门多萨省 (Mendoza)。该省是阿根廷最重要的产区，占全国葡萄酒总产量的 60~75%。

门多萨省实际上是一片沙漠。该地区海拔较高，属于高原沙漠气候。这里白天高温，夜晚凉爽。再加上安第斯山脉大量丰富的水源，使得该地非常适宜种植葡萄。

最值得注意的是：该地区葡萄的种植面积达 3 万公顷，集聚了近 400 家酒厂。其中，包括阿根廷历史悠久的顶级酒庄 Bodega Catena Zapata。该酒庄除了最著名的玛尔贝克红酒外，霞多丽白酒和赤霞珠红酒也都是阿根廷顶尖的葡萄酒。

阿根廷最著名的葡萄酒系列之一 Syrah 系列就是产自门多萨省。该酒的颜色为紫红色，其具体的指标为：酒精含量为 12.5°，糖度为每升 2.28 克，酸度为 5.20，食用的最佳温度为 15~18℃。

2.圣胡安省

圣胡安省拥有 48869 公顷葡萄园，其酿酒量占全国的 15% 左右。因为该地区的日照时间长、生长期也长，因此，该地所产的葡萄的多苯酚含量较高，且以出产红酒为主。

位于圣胡安省图仑谷的高丽雅酒庄属于萨兰亭家族。该酒庄坚持以开拓的精神，致力于酿造最优质的葡萄酒及培养出阿根廷最高品质的葡萄品种席拉。

智利红酒

　　智利有"葡萄酒之星"的美誉，是南美洲的第二大产酒国。该国的葡萄酒产量虽然不如阿根廷，但是其出口量却遥遥领先。智利红酒口感和顺，与美国红酒一样，享有极高的评价。

一、简史

　　智利葡萄的栽培始于16世纪初期，当时的西班牙传教士在圣地亚哥周边种植葡萄，以提供教会做弥撒用葡萄酒。1830年，在法国人 Claude Gay 的倡议下，智利政府设立了国家农业研究站。之后，该国又引种了大量的法国和意大利葡萄品种。到1850年的时候，智利已经拥有了70多个葡萄品种。

　　随着民主浪潮席卷欧洲大陆，大批皇室贵族纷纷移民美洲避难。当时，欧洲的葡萄耕植酿造业历经了各种新式病虫害侵袭的洗礼，在技术上已较为纯熟。随着移民潮的到来，为数众多的酿酒师也来到了美洲新大陆，为当地的葡萄农业注入了新技术。

　　1851年，智利的现代酿酒学之父 Silvestre Ochagavia 从法国请来了大批的葡萄种植专家，并引入了优良的欧洲酿酒品种，如赤霞珠、黑比诺、卡默耐、梅乐、赛美蓉 (Semillion) 等。该时期酿酒技术的更新猛进，使得智利的葡萄酒品质在国际市场上脱颖而出，并受到了国际消费者的广泛肯定与青睐。

二、特点

　　干燥的气候与封闭的地形，使智利成为了全世界自然条件最好的葡萄酒产区之一。该国的昼夜温差非常大。其中，气候对葡萄树的光合作用帮助很大，晚上的低温又给葡萄树提供了充分的休息时间，是葡萄成熟最理想的条件。其葡萄的色泽和香气都很完美。

此外，由于智利的夏天干燥，加上天然的环境，使智利的葡萄很少得病，也很少受到葡萄病毒的入侵。因此，该国也是世界上唯一没有受到蚜虫病害，唯一不用嫁接美国种树根就可直接栽种欧洲种葡萄的国家。如此好的种植环境，即便是在全球范围内，也很少见。

比如葡萄品种 Camenère，它在波尔多因为难以种植，几乎已经完全消失殆尽。然而，它在智利却意外地酿成了散发着迷人诡奇香气，口感柔和的精巧红酒。最近几年中，许多智利酒厂纷纷推出以 Camenère 为名的顶尖酒款，使其成为了继澳洲的希哈 (Shiraz) 、纽西兰的白索维农 (Sauvignon Blanc) 以及阿根廷的玛尔贝克 (Malbec) 之后，新世界葡萄酒产国中别处无法再造模仿的独家风味。

智利酒一般都比较浓郁丰厚，性价比佳。特别是在口味方面，普遍适合于中国消费者。该国种植的葡萄品种坚持以市场为导向，国际市场上当红的品种一应俱全。由于葡萄的单位公顷产量相当大，使智利酒大部分价廉物美，适合供应日常佐餐酒。然而，智利缺少品质特别突出，且可以凌驾全球顶级葡萄酒的产品。

智利酒容易饮，酒的风格也较明朗，有着百酒一味的特点。目前，许多酒厂在酿造方面也开始追求与众不同的风格。

三、红酒分级

智利葡萄酒的品质以年份作为指标，一年以下的都是普通酒，特级酒至少要两年以上，而里塞互则至少要四年。

目前，智利红酒基本的级数分为四级，主要包括以下级别。

★ **VARIETAL：** 该级别的酒只列葡萄名称，是最基本的酒。

★ **RESERVA：珍藏级**。该级别的酒是由橡木桶储存过的，通常比 VARIETAL 的酒好。

* GRAN RESERVA：极品珍藏。 该类别的酒通常使用的是更多、更新的橡木桶。储藏的时间较长，质量更好。目前，很多酒厂都有这类酒。

* RESERVA DE FAMILIA：家族珍藏。 基本上表示为某酒庄最好的酒，也可能有类似的方式来表达，如 MONTES 的 ALPHA、M.CASA LAPOSTOLLE 的 CLOS APALTA 等代表特殊的产品。

四、产区

根据气候的不同，智利可分为三大区域。北部是世界上最干燥的地区，多为高山和沙漠，出产矿产；中部为地中海气候，葡萄酒产区多在这个区域；南部雨水丰富，但人少，岛屿多。

1.北部

北部的葡萄种植区是指**艾尔基谷 （ELGUI VALLEY）** 和**利马里谷 （LIMARI VALLEY）** 。

艾尔基谷种植着大量的麝香葡萄，一直到 1998 年时，才由一家叫 FALERNIA 酒厂起头，开始种植其他的酿酒品种，如卡曼纳、席拉、赤霞珠等等。该地除了麝香葡萄之外的葡萄园约有 448 公顷，红白葡萄的比例为90：10。

利马里谷空气潮湿，白天的高温和晚上的凉爽气候为种植好的酿酒葡萄创造了条件。此处种植的葡萄 90%为红葡萄，种植面积在 1679 公顷左右。

2.中部

此处为中央山谷，是酿酒葡萄最主要的产区。该地区主要出产红酒，其中包括六大产区。

阿空加瓜谷 （ACONCAGUA VALLEY）

该山谷是智利最高的山脉之一。这里气候稳定，采光足，没有霜害的风险，是酿造优质葡萄酒的好地方。1870 年，这里开始种植红色的酿酒品种。2003 年时开始种赤霞珠。此地的红葡萄色泽深，单宁出色，种植面积约 1025 公顷，红白葡萄的比例为87:13。

米埔谷 （MAIPO VALLEY）

该地是智利最小、最著名，也是最古老的葡萄种植区。这里夏秋时干燥，收获季节没有下雨的风险。在葡萄的生长时期，日夜温差达 20℃，是理想的葡萄种植地。该地主要生产红酒，位于安第斯山脉的丘陵地带葡萄园是出产智利最佳赤霞珠的地方。

卡恰铺谷 （CACHAPOAL VALLEY）

此山谷的葡萄园是安第斯山脉下最佳的葡萄种植地之一，共有 9377 公顷左右的葡萄园，红白葡萄的比例为87:13。虽然这里的春天有时会下雨，但没有霜害的危险。夏天时，温度也比较适中，葡萄成熟缓慢。此地出产的红酒表现为单宁圆润、酒体丰满。

空加瓜谷 （COLCHAGUA VALLEY）

这里也是传统的、很重要的葡萄酒产区，适合种植不同的葡萄品种，其中以红葡萄最为出色，红白葡萄的比例为 90：10。如 SAN FERNANDO。城镇气候凉爽，生产出色的黑比诺。该区内还有不少有名的酒厂，如 CASA LAPOSTOLLE、MONTES、LOS VASCOS 等等。

库里科斯 （CURICO VALLEY）

这里的葡萄园集中在中央平原和沿岸山脉的山坡上。此处气候潮湿，受太平洋的反气旋影响，早上会有薄雾。该地白天的温度较高，晚上凉快，其日夜温差达到 15℃左右。在较为温暖的山谷 LONTUE 里，出产高品质的赤霞珠。该地的葡萄种植面积约为 18422 公顷，其中，红白葡萄的比例为69:31。

莫莱谷 （MAULE VALLEY）

这是智利种植面积最大的产区，目前已达到 28456 公顷。因为气候和土壤的多样化特点，使得这里的葡萄酒具有了不同的风格。

近几年来，由于新的酿酒技术和专家介入管理酒厂，使此地酿造出了不少优质酒，尤其是赤霞珠和卡曼纳。此地的红白葡萄比例为83:17。需要提醒读者的是：因为此地的葡萄品种质量差异较大，因此，选酒时一定要谨慎。

3.南部

该区域的酿酒葡萄种植面积约有 107001 公顷，主要包括南部的**伊塔塔谷 (ITATA)** 、**比奥比奥谷 （BIO BIO)** 和 **马尔雷考谷 （MALLECO)** 。

伊塔塔谷是智利传统的葡萄酒产区，具有 400 年的历史，其葡萄的种植面积约为 10807 公顷。这里雨量比较大，不过都集中在春天，夏天适中的气候能使葡萄达到理想的成熟状态。其中，红白葡萄的比例为 46:54。

比奥比奥谷主要种植黑比诺等红葡萄品种。

奥地利红酒

由于邻近德国，奥地利酿造的葡萄酒在口味上与德国的葡萄酒非常相似。喝起来感觉带有花香、微酸且容易入口，属于爽口的葡萄酒。

一、简史

奥地利的葡萄种植有着悠久的历史，人们曾经在奥地利东部布根兰州的一座坟穴中发现了公元前 700 年遗留下来的葡萄籽。考古学家考察证明：这些葡萄籽是人工种植的产物。

罗马时代，葡萄种植在奥地利已经广泛流传开来。然而，随着罗马帝国的解体，葡萄的种植曾经一度受到冷落。一直到公元 10 世纪时，它才再一次走向鼎盛。当时，巴伐利亚修道院的僧侣们把葡萄的种植作为一种文化进行推广，葡萄种植面积达数十万公顷。

然而，残酷的 30 年战争 (1618—1648 年) 再一次使奥地利的葡萄酒业濒临灭亡。战后，酒农们必须缴纳数额惊人的葡萄酒税。18 世纪，开明的女皇玛丽亚·特蕾西亚当政，她的儿子约瑟夫二世在 1784 年颁布了一道豁免令，允许酒农们在家里销售当年酿制的新酒。于是，"新酒酒店"如雨后春笋遍布奥地利。

二、特点

土壤和气候是决定葡萄酒的特性及品质的重要因素。在奥地利，葡萄酒种植区的土壤质地差别很大。其气候也表现为温暖而阳光普照的夏天和日照较长

且温和的秋天，同时还伴随着凉爽的夜晚。

由于土壤和气候的条件各异，奥地利的葡萄种植园也各具特色。该国的葡萄酒种类非常多，主要包括大约 20 种白葡萄酒和 10 种红葡萄酒。近年来，红葡萄的种植范围正在日益扩大。

奥地利主要的红葡萄酒包括以下几种：如蓝茨威格（Blauer Zweigelt），该酒浓郁醇香，带少许香料香味，酵母含量高，酸味适中；蓝弗兰克（Blaufraenkisch），该酒浓郁醇厚，柔和，含酵母；蓝葡萄牙，该酒属于果香型，柔和、含酸量少、酒精含量低。

此外，奥地利还有一些著名的红葡萄酒值得一提，如蓝布根地（Blauer Burgun der）、蓝野巴克（Blauer Wildbacher）、卡百内·索维农（Cabernet Sauvignon）、品霞珠(Cabernet Franc) 和圣罗兰（St.Laurent）。

三、红酒等级

奥地利葡萄酒法的基本法规包括监督葡萄酒产地、限制每公顷地的产量、品质的严格分级和国家质量检查。

从品质分级上讲，可以把奥地利葡萄酒分为三个等级：餐酒、优质酒和极品酒。在区分不同等级的分类中，根据葡萄汁（KMW）含糖量的不同，又可以将其细分为五个等级。

★ 餐酒 Table wine：KMW 含量不少于 10.6 度；

★ 乡间酒 Land wine：KMW 含量不少于 14 度；

★ 优质酒 Qualitaets wine：KMW 含量不少于 15 度；

★ 上等酒 Kabinet wine：KMW 含量不少于 17 度；

★ 极品酒 Praedikats wine：这是最高级别的葡萄酒。其甜味完全来自发酵残留的糖分。在奥地利，通常不允许酒商使用添加剂提高葡萄汁的糖分。

根据 KMW 含量的不同，极品酒又可以分为五个层次：

★ 晚秋佳酿 Spaetlese：KMW 含量不少于 19 度；

★ 精选佳酿 Auslese：KMW 含量不少于 21 度；

★ 浆果佳酿 Beerenauslese（BA）：KMW 含量不少于 25 度；

★ 顶级佳酿 Ausbruch：KMW 含量不少于 27 度；

★ 干浆果佳酿 Trockenbeerenauslese（BA）：KMW 含量不少于 30 度。

其中，优质葡萄酒和极品葡萄酒通常要受到国家的双重检查。首先要分析酒的化学成分。其次，要通过葡萄酒品尝委员会的鉴定。在每一瓶酒的标签上都有国家的鉴定号码，其瓶口上还贴有"红－白－红"的封条，记录着该质量监督和品质保证的周密办法。

四、产区

奥地利的葡萄种植集中在以下四州：下奥地利州、布根兰州、施泰尔马克州和首都维也纳。在这些州内，一共有 16 个正式的酿酒区，葡萄种植面积共 5 万公顷，大、小酒农、庄园达 4 万家之多。其中，有 6500 家可以自行装瓶。其他的酒农则把葡萄供应给葡萄酒合作者或者酿酒厂。

1.下奥地利州

下奥地利州拥有 3 万多公顷的葡萄园，主要分布在瓦豪 (Wachau) 、克雷姆斯谷 (Kremstal) 、坎普谷 (Kamptal) 、特莱森谷 (Traisental) 、多瑙流域 (Donauland) 、葡萄酒地区 (Weinviertel) 、嘉农通 (Carnuntum) 和温泉地区 (Thermenregion) 。

2.布根兰州

布根兰州的葡萄种植面积接近 16000 公顷，主要分布在新民湖 (Neusiedlersee) 、新民湖丘陵地 (Neusiedlersee－Huegelland) 、布根兰中部 (Mittel burgenland) 和布根兰南部 (Sued burgenland) 。

艾森施塔特是布根兰州的首府，也是奥地利有名的红酒产区。由于这里是全奥地利温度最高、雨量最少的地方，因此，该地生产的红酒口味非常独特。久而久之在欧洲形成了独特的品酒文化。

3.施泰尔马克州

在施泰尔马克州，葡萄种植在大约 3600 公顷的土地上，它们主要分布在施泰尔马克州的南部、东南部和西部。

4.维也纳

维也纳的各个区内种植葡萄的面积也达到了600 公顷。

澳大利亚红酒

澳大利亚有着与美国相似的葡萄酒酿造工艺，它所酿造的葡萄酒与加利福尼亚州酿制的酒在口味上极为相似。然而，风格常常迥然不同。

一、简史

澳洲最早的一批移民，是在1788年渡海而来的。从那时起，澳大利亚便开始酿造葡萄酒了。他们所使用的葡萄品种，都是从欧洲移植过来的。

虽然澳大利亚在酿造优质葡萄酒领域起步较晚，但是目前，它已能酿造一些令世人瞩目的葡萄酒，而且酒的风格和质量趋于多元化。如：早期澳大利亚人偏好甜葡萄酒，如今，他们已经生产出了许多其他口味的葡萄酒。

此外，澳大利亚对国际上通行的酿酒程序进行了一些变革，从而使酿酒业成为了一个高科技的产业。

二、特点

作为新世界葡萄酒的代表之一，澳大利亚受到了世人的关注。澳大利亚酿造葡萄酒的历史虽然不长，然而，不论从气候上，还是从土壤上看，该国都很适合栽种葡萄。

目前，在澳大利亚种植的葡萄品种主要是国际上比较流行的赤霞珠、黑比诺、梅乐、希哈 (Shiraz) 、格伦纳什等，希哈甚至为澳大利亚葡萄酒赢得了国际声誉。

近年来，澳大利亚红酒以其优良的品质和合理的价格受到了世界各地众多消费者的喜爱。从总体上说，澳大利亚的红酒具有芬芳的气味和浓厚的果味。此外，柔和、单宁低也是澳大利亚红酒的一个标志。其酒体适中，味道从不苦涩，极具诱人魅力，且容易上口。

澳大利亚葡萄酒有非常好的发展潜力。当然，它也存在不少问题。比如，很多葡萄酒厂的葡萄园是近 10 年来种植的，还比较年轻。另外，很多葡萄酒厂是用大机器生产，用纯手工生产高档酒的还很少。因此，澳大利亚的多数葡萄酒在国际上仅仅是处于中档和中高档水平，而没有权威性的酒名体系。

三、红酒的命名和等级

按照澳大利亚葡萄酒的法律规定，可以按葡萄品种或葡萄酒产区为酒命名，从其命名中又可以看出酒的等级。

1.按葡萄品种命名

如果在酒标上标注葡萄品种，则该酒需要有 85% 是由该葡萄品种酿造的；如果葡萄酒里混合的品种每一种都不到 85%，那么，就要标注出所有主要的葡萄品种，且标在前面的品种要比标在后面的含量更多。如 Penfolds "Bin 389" Cabernet Shiraz，就是用赤霞珠和希哈两种葡萄混合而成的，其中赤霞珠所占的比例要比希哈高。

2.按葡萄酒产区命名

澳大利亚葡萄酒产区有类似美国 AVA 制度的产区地理标识。如果在酒标上标注了葡萄酒产区，那么，酿造这种酒的葡萄要有 85% 来自该产区。

按产区命名时，分得越细，等级越高。如只标国家是最低级；高一级是标明地区，如西澳；再上一级是具体产区，如玛格丽特河。

四、产区

澳大利亚的葡萄酒产区主要集中在东南部，其中最具代表性的产地是南澳大利亚（South Australia）、新南威尔斯（New South Wales）和维多利亚州（Victoria）。此外，西澳大利亚也有少量的葡萄园。

1.南澳

南澳以其得天独厚的优良环境成为了澳大利亚最重要的葡萄酒产区，其葡萄酒的产量在该国也是最高的。澳大利亚最著名、最昂贵的葡萄酒几乎都产自这里。

该地区的大部分葡萄园都集中在南谷、河地及阿德雷德附近的区域。以南则有库纳瓦雷、百威、巴罗沙谷和克雷谷等知名产区。由于气候的原因，该地区主要生产以希哈、赤霞珠、梅乐、格伦纳什等为主的红酒。

2.新南威尔斯

新南威尔斯是澳大利亚最早的葡萄种植地，许多著名酒厂都聚集在此。该地区包括三大产区：瑞弗瑞那、墨基和猎人谷。

其中，瑞弗瑞那是新南威尔斯最大的产区，该地主要生产价廉物美的日常餐酒；墨基葡萄酒以简单明快为特色。

而猎人谷的葡萄酒在澳大利亚则独占鳌头，其特色表现为酒色纯正，甜度和酸度适中，酒味清香。该地的葡萄酒包括红酒和白酒，且以浓郁的雪华沙(Shirze) 红葡萄酒闻名全球。另外，以雪华沙和索维农混合酿制的红葡萄酒也很有特色。其具体表现为酒精浓度高，口感浑厚饱满。

3.维多利亚州

维多利亚州是澳大利亚气候最为凉爽的大葡萄酒产区 (除塔斯马尼亚岛外)，由于气候温和凉爽，这里有机会种植更多不同的葡萄品种，除比较经典的希哈、赤霞珠、梅乐外，还出产香气馥郁的 Marssane 和精致轻盈的黑比诺等。

新西兰红酒

　　作为新世界葡萄酒的一员，新西兰是世界上地理位置最南，面积最小的葡萄酒生产国之一。同时，它也是世界上最贵和最好的葡萄酒产地之一。目前，葡萄酒产业在新西兰发展很快。

一、简史

　　新西兰的葡萄酒酿制历史非常短，不过区区数十年。然而，其发展速度却非常惊人。这主要是由于新西兰极端优越的地理与气候条件，再加上酿酒人的努力，从而使得当地的葡萄酒在短时间内，就受到了国际酒坛上各国的瞩目，吸引了众多的海内外投资者在新西兰建园建厂。截至 2004 年 3 月，全国共有葡萄酒企业 460 家，葡萄种植者 634 家。

　　据新西兰葡萄种植和葡萄酒商协会 (NZW) 公布，2004 年 2 月—2005 年 2 月的一年中，新西兰葡萄酒出口量超过 4400 万公升，比上年同期增长 55%。

　　其中，白索维农仍是海外市场中最畅销的新西兰葡萄酒品种。在 2004 年 2 月—2005 年 2 月的一年中共出口了 3100 万公升，比上年同期增长 76%。与此同时，黑比诺的出口量也比上年同期上升了 57%，达到了 220 万公升。卡百内、梅乐和混合葡萄酒的总出口量则上升了 43%，达到了 140 万公升。

二、特点

　　新西兰分为南岛与北岛两大岛屿。两岛狭长、四面环海。其地理位置得天独厚，自然环境优越，阳光、气候、雨水等都非常适宜葡萄的生长。该国所生产的葡萄酒，绿色无污染，特别是有一种纯净精细、但又不刻意献媚讨好的清新气质。

新西兰的葡萄酒别具风味，最著盛名的白索维农（Sauvignon Blanc），以风味纯净见称。此外，还有梅乐、黑比诺、赤霞珠等有名的葡萄酒。

该国主要的红葡萄品种有比诺塔吉（Pinotage）、卡百内·弗朗（Cabernet Franc）、卡百内·索维农（Cabernet Sauvignon）、梅乐（Merlot）、格伦纳什（Grenache）、黑比诺等。

三、产区

新西兰葡萄酒的重要产区包括马尔堡（Marlborough）、霍克斯湾（Hawkes）、奥塔哥中部和吉斯伯恩（Gisborne）。

1.马尔堡

马尔堡是新西兰最大、最著名的葡萄酒产区，以其白索维农享誉世界。近年来，新西兰的葡萄酒屡获多项国际殊荣。在 2003 年 9 月举行的伦敦国际葡萄酒大赛（London International Wine Challenge）中，马尔堡的白索维农便获得了一个以上的奖项。

在新西兰葡萄酒业界一年一度的"空中佳酿"（Air New Zealand Wine Awards）评选活动中，马尔堡又凭借白索维农夺得了半数以上的金牌。

2.霍克斯湾

霍克斯湾阳光充沛，天气情况较为稳定，日照小时的总数为全国最多，以出产丰硕的卡百内葡萄驰誉国际。全区共有 30 多个葡萄园，是新西兰仅次于马尔堡的第二大葡萄产区。同时，它也是世界各地葡萄酒大赛的常客，获得过很多奖项。

霍克斯湾的夏天和秋天通常是干燥的，其土壤以淤泥混合、聚合性土壤为主（火山灰质土壤特征）。土壤类型的巨大差异，使得该地的葡萄品种呈现多样化。此外，土壤、地形、气候的不同，也使得每个葡萄品种的成熟期表现出几个星期的差异。

霍克斯湾是一个适合种植赤霞珠、梅乐、品丽珠、席拉及黑比诺等红葡萄品种的产区。

3.奥塔哥中部

奥塔哥中部是指地岛中部与东南沿岸地区。这里气候晴朗干爽，秋天景色迷人，东南沿岸地区更是拥有肥沃的平原和一望无际的海岸。

该地区是地球最南方的葡萄酒产区，位于南纬 45 度。由于气候和地形的原因，这里也是盛产黑比诺红酒的地方，并且是全国赢得最多相关奖项的地区。

4.吉斯伯恩

吉斯伯恩是新西兰葡萄酒的重要产区之一，该地区属于亚热带气候，是世界上第一个看到黎明曙光的大城市。这里一年四季都是阳光普照，日照时间较长，气候温暖，是适合种植葡萄的好地方。

南非红酒

　　南非处于非洲顶端地带，它具有典型的地中海气候。冬天多雨，夏天干燥。葡萄种植专家认为：世界优质葡萄酒用的葡萄应该生长在纬度 34 度的位置附近，这样的地区正好处在南非境内。

一、简史

　　从 1452 年，葡萄牙人迪雅士率先登陆好望角后，南非的领土上又先后涌入了荷兰人、印度人、英国人、德国人、法国人等。这些南非最早的殖民者发现，此地的气候与法国的葡萄酒产区近似，而且土壤肥沃。于是，在他们的推动下，南非的葡萄酒酿造业便发展起来了。

　　与地中海国家比较，南非是一个非常年轻的葡萄酒国，只有 300 多年的酿酒历史。从 18 世纪开始，可洛得 (CLOETE) 家族生产了首批甜葡萄酒。

　　到目前为止，南非拥有 11 万公顷的葡萄园，葡萄酒年产量达 9 亿公升。南非的居民平均每人每年饮用 9.3 公升的葡萄酒，除去不饮酒的 80%黑人人口，这个比例应该说是相当高了。

二、特点

　　南非的气候和地理条件非常适合种植酿酒用的葡萄。其中，最著名的葡萄品种要数该国独有的品乐塔 (Pinotage) 。

　　一般来说，新世界的葡萄酒产酒国都拥有一个独具特色的品种作为标志，如加州的津芳德尔 (Zinfandel) 、澳洲的希哈 (Shiraz) 、新西兰的白索维农

(Sauvignon Blanc)、阿根廷的玛尔贝克 (Malbec)。对于南非来说，这个标志就是品乐塔吉 (Pinotage)。

Pinotage 是一种杂交品种，由黑比诺和 Cinsault 的异花授粉杂交而成。它兼容了黑比诺丰富而细腻的果香和 Cinsault 易栽培，高产量，抗病性强的特点。通过调整酿酒技术后，其品质也越来越好，不仅具有异常新鲜浓郁的果香，而且毫不掩饰地表现出奔放的香气。口感柔和多汁，略微带一点甜味，是十分讨喜易饮的葡萄酒。目前，Pinotage 葡萄酒作为单独的品种已经受到了欧美消费者的广泛青睐。

南非红酒的味道一般表现为浓郁，白酒则清淡爽口。其中，比较有名的红酒有极品席拉斯酒中的帕尔的美景酒和非洲最南端赫曼努斯的哈密顿·罗素所产的黑比诺酒。

除此之外，南非红酒还有一个特点，即新酒上架的时间通常要比欧洲早。这主要是因为南非葡萄的种植季节较早。

三、等级

一些新兴的葡萄酒生产国，除美国有政府公认的 AVA 产区外，其他如澳大利亚、智利、阿根廷、南非等国家，并无法定的分级制度。

四、产区

南非是世界上六大有名的葡萄产区之一，它出产的葡萄酒产量占世界总产量的 3%。其中，主要的葡萄酒生产区分布在西南部的开普。

开普靠近赤道，光照的强度十分高。夏天的时候，此地每天最长的日照时间达 14 个小时，是一个闻名于世的葡萄酒生产王国。市民们都以本地出产味醇色美的葡萄酒而自豪。

早期的英国人就是看中了这块风水宝地适合种植优质葡萄酒用的葡萄，于是，将欧洲的葡萄酒酿造技术传到了非洲。从此，开普便开始种植葡萄。1659年 2 月，开普第一批葡萄被榨成汁后，开普便成为了葡萄酒生产的天堂。

开普环境最好的葡萄酒产区，大部分都位于西开普沿海地带，即法尔斯 (False) 和华克 (Walker) 两个海湾沿海附近的几个产区。

其中，法尔斯海湾的史帖伦贝克 (Stellenboch) 和帕尔 (Paarl) 是南非公认最有潜力的葡萄酒产区。位于南部的史帖伦贝克，以优等红葡萄酒驰名。赤霞珠（Cabernet Sauvignon）、品丽珠（Cabernet Franc）、梅乐、希哈（Shiraz），甚至南非特有的品种品乐塔吉（Pinotage）都有很好的质量。而位于较内陆的帕尔，气候较热，除了产红、白葡萄酒，气泡酒以及波特型的甜酒外，也酿造和雪莉酒相似的加强酒，它们也都具有相当高的质量。

华克海湾附近因为有比较凉爽的特殊环境，是南非黑比诺和夏多奈等来自法国布根地葡萄品种表现最好的产地。

五、美景庄园

美景庄园是开普最美丽的庄园之一。该庄园出产的葡萄酒香味芳醇，价格低廉，年产量达10万箱。

美景庄园位于帕尔山坡地势较低的地方，面积为412.5英亩，土壤为风化的花岗岩和沙石，非常适宜种植席拉葡萄。

美景席拉（Fairview Shiraz）美味可口，富含桑葚果香，同时又具备可藏酿的组成。此外，美景庄园还酿制品诺塔日酒，那是由南非的杂交葡萄品种酿造成的。

除美景庄园外，南非的哈美尔庄园也很有名。在上文的红酒品牌中，已对该庄园的黑比诺葡萄酒进行了详细介绍，此处不再赘述。

中国红酒

有关中国红酒的文化、品牌和等级制度，已经在上文中做了详细的介绍，此处主要介绍中国的各大红酒产地。

一、简史

中国自古以来就有野生葡萄的生长。比较大规模的葡萄栽种，记载上是在两千多年前。其实，早在周朝的时候，我国就有了人工栽培的葡萄和葡萄园。《周礼》一书的"地官篇"中，就把葡萄列入了珍果之属。

西汉时期，汉武帝派遣张骞出使西域。于是，西域的葡萄及酿造葡萄酒的技术开始引进中原，促进了中原地区葡萄栽培和葡萄酒酿造技术的发展。

唐朝是我国葡萄酒酿造史上很辉煌的时期。就在那时，葡萄酒的酿造开始从宫廷走向民间。到元朝时，葡萄酒已经有大量的产品在市场上销售。明朝的李时珍在其《本草纲目》中，也曾多处提到葡萄酒的酿造方法及葡萄酒的药用价值。

到清朝后期，爱国华侨张弼士先生于 1892 年投资 300 万两白银，在山东烟台建立了张裕葡萄酿酒公司，聘请奥地利人拔保担任酒师，引进 120 多个酿酒葡萄品种，在东山葡萄园和西山葡萄园进行栽培。该公司还引进了国外的酿酒工艺和酿酒设备，使我国的葡萄酒生产走上了工业化大生产的道路。

目前，中国的葡萄酒厂总数在 500 家左右。在张裕公司之后，青岛、北京、通化等地也相继建立了葡萄酒厂。这些工厂虽然规模不大，但我国葡萄酒工业已初步形成。

目前，北京城里还建起了新的红酒博物馆，上海新建的高级公寓中，专放红酒的冰柜也早成了基础配置，Castel and Constellation 等大型红酒集团的戏剧性发展已经把中国送入了全球十大红酒产地之列，一些酒业公司甚至引进了先进的技术进行红酒销售。

二、产区

在我国北纬 45~25 度的广阔地域里，分布着各具特色的葡萄酒产地。然而，由于葡萄生长需要特定的生态环境，加上各地区经济发达程度的差异，这些产地的规模不大且较分散。与世界酿酒葡萄产区非常集中的特点有所不同。

1. 东北产区

东北产区是世界最寒冷的葡萄产区，包括北纬 45 度以南的长白山麓和东北平原。在吉林的通化、佐家等地比较集中。黑龙江、辽宁也有少量栽培。通化葡萄酒公司和长白山葡萄酒公司等几家正规的山葡萄酒厂就坐落于该产区。

这里冬季严寒，温度在 -30~-40℃ 之间，欧洲种葡萄在此地根本不能生存。而野生的山葡萄因抗寒力极强，成为了此处栽培的主要品种。山葡萄每年产量达 5 万吨，包括左山一号、左山二号、双丰、双优、双红等品种。

2. 怀涿产区

怀涿产区包括河北的宣化、涿鹿和怀来，是我国第一瓶干白葡萄酒的诞生地。如今，它又将成为我国一个新兴的优质红酒产区。

这里地处长城以北，气温适中、光照充足、昼夜温差大、雨量偏少，非常适合葡萄的生长。近 10 年来，该产区推广的赤霞珠、梅乐等世界优良酿酒品种已获得了成功。

3. 银川产区

银川产区包括贺兰山东麓广阔的冲积平原，这里气候干旱、昼夜温差大、光照充足，年降水量为 180~200mm，土壤为砂壤土，含砾石，十分适合葡萄的生长。

目前，该产区是西北地区新开发的最大的酿酒葡萄基地，主要种植世界酿酒品种赤霞珠和梅乐。

4. 渤海湾产区

渤海湾产区包括华北北半部的昌黎、蓟县丘陵山地、天津滨海区、山东半岛北部丘陵和大泽山等地，总面积达 24 万亩。此地受海洋的影响，气候变化稳定、热量丰富、雨量充沛、土壤适宜。优越的自然条件使其成为了我国最著名的酿酒葡萄产地。

目前，渤海湾产地是我国酿酒葡萄种植面积最大、品种最优良的产地，其葡萄酒的产量占全国总产量的 1/2。该产区酒厂集中，经济效益较好。中国著名的张裕、长城、王朝酒厂都坐落在此。

其中，山东的蓬莱与世界著名葡萄产地法国波尔多在同一纬度上。此处的土壤、气候、降水、光照等自然条件均有利于葡萄的生长和风味色泽的发育。蓬莱也由此被相关专家誉为中国的"波尔多"。

山东的烟台被称为中国唯一的国际葡萄酒城，这里有最适宜栽培酿酒葡萄的土壤、气候和条件。酿造张裕解百纳干红葡萄酒的葡萄就生长于此。

此外，昌黎的赤霞珠、天津滨海区的玫瑰香、山东半岛的赤霞珠、品丽珠、蛇龙珠、梅乐、佳丽酿等葡萄品种也都在国内负有盛名。

5. 武威产区

武威产区包括甘肃武威、民勤、古浪、张掖等位于腾格里大沙漠边缘的县市，是中国丝绸之路上一个新兴的葡萄酒产地。这里的气候冷凉干燥、热量适中、土壤不太肥沃，非常适宜酿酒葡萄的种植。

近年来，梅乐、黑比诺等国际知名的红葡萄品种得到了大面积的推广。根据专家的品评，该产区的红酒颜色红艳，果香浓郁，酒体完美，是我国西北葡萄酒的佼佼者。

6. 石河子产区

石河子产区位于新疆北部的玛纳斯、昌吉和伊犁等县市，是近年来新疆建设兵团兴建的新疆又一大规模的酿酒葡萄产区。

这里气候温和、降水适中、土壤富含矿物质、葡萄品质极好且没有污染，是中国酿制优质葡萄酒的绿色食品基地。它的发展必将对中国葡萄酒的市场起着重要的作用。目前，该产区已受到葡萄酒行业的极大关注。

该产区主要的葡萄品种有龙眼、牛奶、赤霞珠、梅乐、黑比诺等。一些抗病性弱的早中熟红色酿酒品种在该地区也有较大的发展前途。

7. 云南高原

云南产区包括云南高原的弥勒、东川和蒙自，是我国最具特色的新兴葡萄酒产区。这里的气候表现为光照充足、热量丰富、降水适时，是我国纬度最低、海拔最高、气候最多样化、土壤最红、酸度最高、红葡萄颜色最深、欧美杂种酿酒葡萄种植最多的一个特殊产区。

利用旱季独特气候的自然优势栽培欧亚种葡萄，是西南葡萄栽培的一大特色，其主要品种包括玫瑰蜜、赤霞珠和梅乐。

目前，此地的葡萄酒生产已形成了独特的产地特色，其中，云南红是该产区葡萄酒的名牌。

8. 吐鲁番产区

吐鲁番产区位于低于海平面300米的吐鲁番盆地，主要包括鄯善、红柳河等地。这里四面环山、热风频繁、空气干燥，夏季气温高达45℃，是世界上最炎热的葡萄产区，也是我国无核白葡萄生产和制葡萄干基地。

十几年前，著名葡萄酒专家郭其昌在该产区试种了赤霞珠、梅乐、歌海娜、席拉等酿酒葡萄。其中，干酒品质欠佳，而以甜葡萄酒的品质更好。

9. 清徐产区

清徐产区包括山西的汾阳、榆次和清徐的西北山区。这里气候温和、光照充足、土壤肥沃，多砾石，十分适宜葡萄的生长。

几年前，此处新建了怡园酒庄，种植着赤霞珠、梅乐等国际名种。当葡萄成熟时，其糖度都超过20%，酸度达到0.6%。葡萄酒质量极佳，极具发展潜力。

10. 黄河故道产区

黄河故道产区包括黄河故道的安徽萧县、河南兰考和民权。这里的气候偏热，夏季高温多雨，葡萄旺长。然而，此地病虫害较重，葡萄的品质不够理想，栽培面积不足万亩。

近年来，一些葡萄酒厂新开发的酿酒基地，通过引进赤霞珠等晚熟品种，改进了栽培技术，基本控制了病害的流行，提高了葡萄的品质，使葡萄酒的口味得到了极大的改善。

附录1　北京圣朱利酒业销售有限公司

　　北京圣朱利酒业销售有限公司是专业的酒业销售公司。本公司是法国国际酒业交易公司大中国区总代理，拥有法国最优的葡萄酒及烈性酒的交易平台（www.spiritxchange.com）。凭借着法国农业部及农业信贷的支持，利用先进的网络技术，本公司还实现了面向全球的全新葡萄酒销售方式。交易产品包括了几乎全法国优秀酒庄的葡萄酒。因此，本公司能以最优惠、实在的价格为顾客提供不同品牌、不同档次的优质法国原产葡萄酒。

　　本公司在北京市海淀区岭南路开设了圣朱利酒库。该酒库位于北京西三环的黄金地段，地理位置优越，营业面积达400平方米，集展示、品尝、恒温酒窖、销售功能于一体，为顾客选购红酒和洋酒提供了良好的平台。

一、主要经营项目

　　圣朱利酒业销售有限公司以经营法国红酒为主，同时兼营世界各地优质的葡萄酒，包括意大利、美国、澳大利亚、智利等国的中高档葡萄酒。此外，本公司也兼营一些著名的烈性酒，如轩尼诗、芝华士、马爹利 XO 等知名品牌。当然，还有国内最高品质的龙徽等高档葡萄酒。

　　公司经营的世界著名品牌葡萄酒，均从各国原产酒庄直接引进，品质纯正。其中，以法国波尔多红葡萄酒为主，这些名酿分别来自梅多克、玛戈、格拉芙、圣朱利、圣特美伦等名产区。

　　在以上佳酿中，不仅有法国 AOC 级红酒、意大利原产红酒与美国、智利、澳大利亚等国原产红酒及洋酒，而且还有拉菲堡、奥比昂堡、玛戈堡、木桐堡、拉图堡、柏翠酒庄等高档红酒。当然，其中也包括中、低档的法国原产红酒。

二、主要功能

圣朱利酒库是基于国内外全新理念而设立的，是具有多种功能的综合项目。这里的酒类品种齐全，而且有专门的展示区。在这里，顾客可以看到来自世界各地的红酒和洋酒精品，可以尽情领略各国的酒文化。此外，顾客还可以在此品尝我们经营的主要产品。同时，本酒库还将定期面向 VIP 会员开展品酒活动，为客户提供最新的葡萄酒信息及葡萄酒常识。

1.展示

我们会在酒库展出我们经营的上千种从世界各地引进的红酒及洋酒。

在这里，顾客不需踏出国门，便可体验到法国波尔多红酒文化的博大精深，意大利红酒的浓郁厚重，美国、智利洋酒的现代气息。

在我们的展示区，顾客还可以近距离地接触各国的酒类产品，从而找到自己心仪的产品。

2.品尝

顾客可以在店面品尝本公司经营的多种中、高档红酒和洋酒。通过品尝，顾客将了解到各国红酒及洋酒的口感，以便选购自己喜欢的产品。

3.销售

本公司的酒库不同于普通的烟酒专卖店，它是集国内外全新销售理念于一体而形成的一种新的销售模式。这种全新的销售模式，具有两大显

著的特点。

第一，本公司直接面向广大客户进行批发和零售业务。如此一来，可以省去许多不必要的中间环节和费用，为顾客节省了宝贵的时间和金钱。

第二，本公司从进货的源头上杜绝假货。圣朱利酒库经营的宗旨是：圣朱利酒业——品质的保证。为了使客户买到最好的产品，圣朱利酒库将和中诚知识产权保护服务有限公司进行合作，对公司所经营的每一瓶酒，进行全程的产品保护，而且圣朱利酒库所卖的每一瓶酒，都将会有该酒库的专有防伪标识，彻底地杜绝假货、劣货，最大限度地保证消费者的利益。同时，在这里，顾客还可以买到本公司独家代理的产品。

4.会员活动

本公司将制定会员优惠制度，对于入会的会员定期举办新酒以及经典产品的品尝活动。在这里，会员将有机会在第一时间品尝到本公司最新引进的国外品种。同时，我们还将定期举办各种普及红酒和洋酒常识的活动，从而丰富会员对红酒和洋酒知识的了解。

5.恒温恒湿室

本公司将建成大规模的恒温恒湿酒窖，为葡萄酒的保存提供良好的条件。这里四季恒温恒湿，可储存大批量的高品质葡萄酒。

同时，本公司还可以代客户保存高档红酒。恒温恒湿酒窖将能有效防止储存的酒类产品变质，确保客户不但能够品尝到高档葡萄酒，而且更能品尝到高质量的高档红酒。

附录 2　红酒词汇英汉对照

A

Abbau：过于老化，酒质已过巅峰，开始走下坡。

Abgang：余味、余韵。指吞咽下葡萄酒后，喉间酒味萦回的味道。

Accessible：指已经可以品尝的酒；适饮期的酒；不需储藏的新酒；成熟的老酒和比预期早熟的酒。

Acerbe：不够成熟、生涩的。

Acetic：醋酸的。用于描述发生醋酸化的葡萄酒，以及此类葡萄酒所散发出的气味。

Acid：酸。用于描述含有过量酸的葡萄酒，通常是因为原料葡萄没有完全成熟。

Acidic：过酸。恰当、适度的酸味不仅能提神怡人，而且能减轻葡萄酒的涩味。

Acidity：酒酸、酸味。指葡萄酒的酸性成分含量。

After taste：余韵、后味。指入喉后的回甘。即品尝后，葡萄酒留在口中的味道和感觉。它是鉴定葡萄酒质量的一个关键要素。普通酒可能没有余味，或余味很短；上好的酒则余味悠长。该词通常与 finish 和 length 通用。

Age/Aged：陈年、成熟。波尔多红酒由紫转深红，布根地由紫变砖红。实际颜色的转变视葡萄品种而定。

Agreeable：惬意的。一款平衡良好的葡萄酒所包含的怡人特征。

Agressif：单宁太重。

Aggressive：浓烈。指酒内含有浓烈的单宁，非常干涩，尚需陈年。

Alcoholic：酒精的酒精味。1.平衡不佳而生成酒精的味道。浓烈的酒精味会将应有的果香覆盖住，从而生成炽热的感受。2.法令规定：酒内的酒精浓度必须注明。一般来说，餐酒不得超过 14%，当然也有例外的情况，如某些津芳德尔的酒精度会比较高。

Amber：琥珀色。葡萄酒所具有的类似琥珀的颜色。

American Oak：美国橡木。用美国橡木桶陈酿的索维农、梅乐及津芳德尔会有浓烈的香草味及杉木味。

Anise：大茴香。些微的甘草香，大部分的西班牙红酒含有这种味道。

Annee：该词在法文中指年份。即摘取葡萄及酿制葡萄酒的当年。

Apple：苹果。1.丰富的苹果香味，在有轻微橡木味的莎当妮中可以品尝到。2.酸苹果味表示酒已开始氧化。

Apricot：杏子味。这种味道通常会在甜白酒中出现，红酒中偶尔也会有。

Aroma：香气、果香。指红酒的气味，源自于酿酒葡萄。红酒主要的香气来自葡萄果实，次级香气来自发酵过程，而第三层香气酒香则在红酒的成熟与陈酿过程中发育。也有人用 Aroma 代表新酒的香味，而用 bouquet 代表已陈年成熟的香味。参见 Bouquet。

Aromatic：果香的。用于描述蕴含着极显著果香的葡萄酒。这些葡萄酒通常是以果香浓郁的葡萄，如各种玫瑰香型的葡萄酿制而成的。

Astringent：涩的、收敛性的。这是由高单宁含量所造成的一种触觉。是葡萄酒中乙酸乙酯含量过高时的典型特征，会给口腔带来一种不适的化学刺激感。通常，年轻、未成熟的红酒较为显著（也可用 tannic 来形容），经过一段瓶中陈年后，涩度会降低。

Attack：第一感受。技术上的术语，指酒入口后的第一印象。香槟酒要注意的第一感受是气泡的粗细，而红酒则是单宁。

Austere：干涩，微酸。通常有两种解释。1.干涩，通常会出现在较年轻的酒中；2.微酸，如出现在夏布利中。

B

Backbone：主轴。指酒的主骨干。果味太重而欠缺单宁及应有的酸度会被称为没有主轴，而不利陈年。

Backward：落后。形容一瓶酒与它过去或其他同期酒相比，欠缺应该有的表现，亦可叫做延迟成熟的酒。

Balance：均衡度。形容酒的口感非常均衡、协调。即用来描述酒中的果味、单宁、酸、酒精等之间的关系。如果它们之间表现和谐的话，就可形容为balanced，或well-balanced。

Balanced：均衡性。所有果香、单宁、酒酸、酒精浓度都能适当地均衡表现。

Blanc de Noirs：由红葡萄品种所酿的白酒。

Banana：香蕉。一种特别的香味，通常出现在薄酒莱的酒中。

Barnyard：泥土味。红酒常常有些微泥土味。通常，很多酒评家用 Barn-yard 来形容布根地的酒，而将 Earthy 用在波尔多酒上。

Beaujolais-like：薄酒莱式。淡而有清新的果香，特别是樱桃味，几乎感受不到单宁的酒，适合年轻时享用。

Berry：莓果，酱果。樱桃，葡萄都属于酱果类。很多红酒，尤其是波尔多红酒，都有莓果味，只是浓淡有异而已。仙飞玳酿成的红酒便有强烈的莓果味。

Bestimmtes Anbaugebiet：简称 BA，指德国特定的优质酒产区。在德国，共有 13 个这样的产区。

Big：强劲。形容单宁和酸度十分强劲、平均，是可以陈年很久的酒。但是，过度强劲的酒，有失去平衡的可能。

Bitter：苦味。这是一种引起口腔持久苦感的不适味道，特别由多酚等物质引起。如单宁会使酒有轻微的苦味，过苦的酒则可能已变坏。意大利酒和不甜白酒偶尔会有带苦的余韵。

Bitterness：苦涩。适量的涩对于葡萄酒爱好者来说是心头之好，但过犹不及，bitterness 指的正是过于苦涩的情况。苦涩味的来源是单宁，亦即葡萄果皮。产生过度苦涩多是因为未臻全熟便摘下的葡萄果实，此情况常发生于低价的葡萄酒中。

Black cherry：黑樱桃。这是在梅乐等红酒中十分常见的一种香味。

Black coffee：黑咖啡。通常，在已成熟的加州索维农葡萄中会发现这种辛辣的香味。

Black fruit：黑果类。综合了黑樱桃、黑莓、梅子及其他类似的香味，常常出现在质量优良的红酒中。

Black pepper：黑胡椒。这是一种芬芳的特殊香味，在气候较热的红酒产区所产的酒中差不多都可以找到这种香味。

Blackberry：黑莓。这是红酒中一种常见的香味。

Blackcurrant：黑加仑子。是在波尔多红酒中常见的果味之一。

Blind tasting：盲品。不事先告诉品尝者葡萄酒来源及身份的品尝。

Blueberry：蓝莓。是一种不太常见的香味，在弗朗葡萄所酿制的酒中可以找到。

Body：1.葡萄酒的浓稠度。主要是指酒中的酒精、单宁、糖等所造成的重量和实质的感觉。较浓郁的酒称为 full-bodied，反之则是 light-bodied。2. 酒体：提取物丰富、酒性饱满、完满的葡萄酒所具有的特征。

Bouquet：芳香。常用于已成熟的酒。一般的说法是 aroma 用来形容葡萄果香，在年轻的酒中比较显著，而 bouquet 是指经过瓶中陈年所发挥出来的成熟酒的芳香，是指酒的综合香味。尤其指高档葡萄酒在陈酿过程中所获得的香气。见 Aroma。

Boxwood：黄杨木。灌木的一种，但闻起来像猫尿的味道，通常出现在某些白索维农中。

Bramble fruit：莓果类。莓子类及桑葚的总称，是津芳德尔一定有的味道。

Breathe/Breathing：醒酒。刚开瓶的酒因长期与硫磺及木塞接触而产生霉味，需要一段时间呼吸空气来化去这种味道。

Bright：1.色泽清澈、无杂质、富有光泽。用来形容极为清澈的红酒的颜色。2.适当的酸度，或高而不过分的酒酸。

Brilliant：清澈、透亮。用于描述葡萄酒，尤其是白葡萄酒中没有任何肉眼可见的悬浮物质，表现闪闪发亮的澄清特征。当然，酒显现出异常的透明清亮感也并非一定是好酒，可能是严重过滤的后果。

Brown sugar：砂糖香。不太甜，但令人感到愉悦的焦糖口味。

Burnt match：焦火柴味。这是一种闻起来像刚熄灭的火柴味的味道。之所以有这种味道，可能是因为酒内的硫酸稍高。

Butter、Buttery：奶油味。浓郁的奶油香，在莎当妮的酒中常能发现这种味道。一般白酒在经过乳酸发酵程序后也会生成这种香味。

Butyric：坏奶油味的。主要用来描述一些破败葡萄酒所散发出的腐臭气味。

C

Caramel：焦糖香味。指橡木陈年余留的香味。如果在发酵过程中使用人工加糖也可能会有这种味道。

Casky taste、Woody taste：橡木桶味、木头味。当葡萄酒在新橡木桶或保存不好的橡木桶中存放时，由容器木料中溶解出的物质赋予葡萄酒的味道。

Cassis：黑醋粟。法国黑加仑酒味，是波尔多红酒中常有的味道。

Cat spray：猫尿，猫蚤水味。有点像麝香味，并不是负面的形容词。白索维农酿的酒常有这种味道。

Cedar：杉木味。成熟索维农红酒生成的味道。

Chambrieren：回温。

Cherry-berry：樱桃味。上等的红酒都带有这种黑莓果味。

Chewy、Chunky：软黏感。用来形容组织浑圆的酒，也可以解释为含有浓郁的单宁。

Chile pepper：辣胡椒味。一种浓烈的药草味，特别出现在纽西兰的白索维农所酿的酒中。

Chocolate、Dark-chocolate：巧克力、黑巧克力味。不甜但很香，是一级红酒常有的香味。

Cigar box：雪茄盒味。杉木加上烟草味，常被用来形容波尔多红酒，陈年后的西班牙红酒也有这种味道。

Clairet：淡红酒、色泽较淡的红酒，但非玫瑰红酒。

Cleared：澄清过的。用于描述沉淀出其中的悬浮物质后变得澄清的葡萄酒。

Clean：清爽。没有厌恶或不明的气味。

Cloaked：包封的。用来形容单宁被果香包封着。

Closed：不明显的、闭塞的。不明显的，仍在沉睡的酒，表示该酒尚有陈年的潜力。

Cloudiness、Cloudy：混浊。形容清澈度。以现今的酿酒技术来说，很少有混浊的酒，除非该酒已变坏。很老的布根地好酒偶尔也会有点浊。

Cloves：丁香。一种辛辣的香气，西班牙利奥哈红酒会有这种味道。

Cloying：过甜。酒酸不足而生成过甜的现象。

Coarse：涩。陈年的新酒都会涩。好酒涩而顺，通用酒涩而干。

Coconut：椰子味。美国橡木常有的一种味道。

Complet：浓郁、饱满。

Complex：复杂；香味、口味复杂，以至于让人有耐闻、耐喝的感觉，是上好且成熟酒的要点，也是葡萄酒引人入胜的地方。好酒复杂度高。但口感复杂的酒不一定就是好酒。

Consistent：协调的。指酒的香味、口感和余韵都一致。

Corked：劣质的木塞味。由质量不良的软木塞而造成的酒的异味，类似发霉木塞或潮湿纸板的气味。

Corked、Corky：木塞味、已变坏。通常用来表示该酒已变坏。

Cooked taste：烹烤味。当葡萄汁或葡萄酒在高温下加热，尤其是在与空气接触的条件下加热时所产生的一种口感，也指来自过熟的葡萄的香气和口感。

Cotton Candy：棉花糖。薄酒莱式的酒生成的味道。

Creamy：绵密柔顺，与 buttery 的意思相近。

Crisp：酸爽。突出、清新可人的酸味。

D

Decanter：醒酒瓶。特殊的玻璃瓶，通常配有玻璃塞，用于供应从原来的包装瓶中倒出的葡萄酒，以促进对葡萄酒香气的欣赏。

Delicate：精雅的。指细致的清淡酒，用于描述一些优质葡萄酒的风味和果香。精雅的葡萄酒轻盈、平衡良好而柔和。多使用在白酒上。

Depot：酒中的沉淀物。

Depth：深度。指酒复杂且有浓缩的香气。

Dill：时萝。药草味，经美国橡木桶陈年的加州索维农常有的一种香味。

Dirty，Dirty socks：臭袜味。一种不雅的味道，可能是来自不干净的木桶或木塞。

Distinctive：有独特风味的优质酒。

Dominant：过分。某种香味太浓烈，且超越其他香味。非赞美词。

Dry（法文 Sec，德文 Trocken，意文 Seclo）：不甜。糖分完全经发酵而转变成酒精，没有剩余糖分。

Drying out：褪味。指酒的高峰期已过，果香已不再，只剩下单宁和酒精。

Dumb：潜在力。指需要陈年的酒。

Dull：暗淡的、沉滞的。葡萄酒中含有明显的胶状薄雾，但不存在肉眼可见的悬浮物质。

E

Earthy：泥土味、土香。有些葡萄酒带土壤气味，它不同于坏了的葡萄酒的霉腐味。是指原产地的特殊土壤气味。可能是真的类似新鲜、干净土壤气味，或指带有原产葡萄园土壤的特殊气味。布根地酒常有这种形容词，但不宜太重。

Earthy taste：泥土味。由栽培葡萄的土壤类型所赋予葡萄酒的特殊口味。

Easy：容易入口。形容很顺喉的葡萄酒，但没有复杂性、深度、余韵等作鉴赏。对于廉价酒而言，易入口也不是轻易能达到的。澳洲及南美洲国家在这方面颇成功。

Elegant：优雅。最上等的评语之一。指葡萄酒的整体感觉非常优雅，通常用在白酒上。

Empty：空洞。没有主轴的酒，与 Hollow 同义。

Estate bottled：酒庄装瓶。在欧洲，法令规定特许酒必须在酒庄装瓶。新世界酒厂也会在酒标上有此注明，以表示在酒庄装瓶或酿酒葡萄来自本地葡萄园，以提高消费者的信心。

Eucalyptus：油加利味。一种辛香如油加利树菜的味道，是一级的加州和智利索维农常带有的香味。

F

Fading：衰退。指酒已过了高峰期，失去了颜色、果味和特色。

Fat：肥厚。指酒入口后有丰满带点油腻的感受，主要看它用来形容什么样的酒。对苏玳白酒而言，它是赞美词，对其他酒就不一定了。

Feminine：优美、柔和，适于女性。

Fine：细腻的。用于描述具有高品质的葡萄酒。

Finesse：细腻的口感，有特性。

Finish：余味。是判断葡萄酒的良劣的重要条件之一。参见 Aftertaste。

Flat：平淡无味、缺少酸度。如果是气泡酒，则指没有气泡的酒。

Flavor：风味。品尝对葡萄汁或葡萄酒的总体印象。既包括味觉器官所获得的感受，也包括嗅觉所获得的信息。

Fleshy：太油。柔顺但单宁低，形容通用佐餐酒居多。

Floral：花香，参见 Flowery。

Flowery：花香，带有类似鲜花的香味，也称为 floral。只有极少的葡萄品种可酿制出气味芬香可人的葡萄酒。黑比诺就是以气味比味道 (flavour) 更好的评价而著名。

Forest floor：湿草味。清晨带露水的叶香，清新舒畅。

Forward：直接的味道。中性形容词，亦可指已完全成熟的酒。

Fragile：完全成熟。表示该酒已达巅峰期，不能再陈年，必须要尽快饮用才能品位到该酒的最佳状态。

Fragrance：芬芳。用于描述发育良好而令人愉悦的果香。

Fragrant：芬芳的、馥郁的。用于描述果香显著宜人的葡萄酒。

Fresh：新鲜、清新的。有多种意义，用在老酒上，指该酒没有混浊不明的味道。用在白酒、香槟酒或薄酒莱式红酒上，指香气简洁清新。它与 crisp 一样皆为正面评价的葡萄酒酸。但 fresh 特别指向入樽不久的葡萄酒。

Fruit bomb：过重果味。过重果味的酒如薄酒莱，好喝但显单调。

Fruit、Fruity：水果味。表示该酒有充分的果味，但没有特定的某种味道。用在顶级红酒中并非赞美词。在澳大利亚，该词常用来指带有轻微或中等甜味的葡萄酒。通常，只要不是最低劣的葡萄酒，都含有一种或一种以上的水果味道，如柠檬、荔枝、梅子等。用 fruity 形容，就有水果味非常突出的意思。新世界国家，如美国出产的酒通常有较多水果味，而旧世界国家，如法国则致力追求柔和细腻的风格。

Full：完整的、丰满的：用于描述平衡好，酒精含量和提取物含量都较高的葡萄酒。

Full-bodied：浓郁。参见 Body。

Full，Full-bodied：厚度十足。单宁、酒酸及酒精浓度控制非常好，强劲而有潜力。

G

Garnet：深石榴红色。形容酒的色泽。

Garnet-red：石榴石红。一些红葡萄酒经过陈酿后所具有的典型色泽，它类似于珍贵的石榴石的颜色。

Grapefruit：柚子味。白索维农和德国白酒常有的香味。

Grapey：葡萄味。一般普通酒具有简单的葡萄味，无深度。

Grassy、Hay：草味、青草味，带些许腥味。它是一个负面的形容词，白索维农常有这种味道。

Green：草青味。青色植物味的统称。

Green olive：绿橄榄味。索维农的一种味道，接近黑加仑味。

Green peppers：青椒味。形容稍微刺鼻的青草味。

Grip：坚实。组织精密、口感厚稠。用来形容波特酒和特别强劲的红葡萄酒。

H

Hard：坚实。形容高单宁和酸度的年轻红酒。

Harmonious：协调的。用于描述酒体平衡良好的葡萄酒。

Harsh：粗糙的。用于形容酒有强劲的单宁和酒精。

Hazelnut：榛实果味。意大利红酒常带不明显的榛实果味。有点苦，但是很特别。

Hazy：不清晰。指酒的清澈度不够。用该词时要小心，很多未经过滤而年份新的好红酒或变坏的酒都会出现同样的情况，与 cloudy 不太一样。

Heavy：厚重。指酒精度高而且浓郁。

Herbal、Herbaceous：药草味、青草味。

Herbaceous：草本植物的。以某些品种的葡萄生产的葡萄酒的口味特征。乙醇或乙醛所产生的青草般的植物气息是它的特点。

Hollow、Empty：中虚、空洞的。指酒从入口至下喉的过程空洞，没有特别的感受。有些葡萄酒入口时味道丰富，咀嚼之下，又感觉不到香味；但吞下时又觉得有点味道。该特性被称为中虚，严重的便叫中空（empty）。

Honey：蜜糖味。已成熟的好葡萄酒细细品尝下可能会察觉有一丝小巧诱惑的蜜糖甜味，常出现在甜白酒中。

Hot：酒味浓烈。由于酒精和果酸处理得不平衡，而使酒精感受过分浓烈。

Hydrogen sulphide odour：硫化氢味：由于葡萄酒中的硫或二氧化硫被还原成硫化氢，而产生的一种恶劣口感和令人讨厌的气味。

I

Inky：指酒的颜色深红，如同墨水般深色。

J

Jammy：果酱味。果味浓缩，美国的津芳德尔常有这样的情况。

Juicy：果汁般。赞美词，形容该酒果味丰富且顺滑有感受。

L

Lavender：薰衣草。通常出现在兰格多克及普罗旺斯的红酒中。

Lead Pencil：铅笔屑味。很多波尔多红酒都有铅笔屑味，尤其是波勒产区的酒。

Leafy：草味、青草味。

Lean：单调的。指酒的果酸过高、平衡不良。在用餐时饮用，特别开胃。

Leather：皮革味。陈年老酒很多时候有皮革味，特别是在橡木桶内陈年的酒，如西班牙的利奥哈。

Length：余味。参见 After taste。

Light：清淡。通常指年轻、易饮型的酒。主要用于描述酒精和提取物含量较低，颜色较浅的葡萄酒，但这类葡萄酒可能拥有非常好的酒体平衡。

Light-bodied：清淡。参见 Body。

Limpid、Clear：清澈的、澄清的。用于描述没有悬浮物质的葡萄酒。

Lively：充满活力的。指含少量气泡，有活力的新鲜酒。葡萄酒的色泽灵动闪亮。

Luscious：甘美，甜而顺口，且均衡。

M

Masculine：浓郁有特色，具男性的粗犷。

Meaty：口感香醇、绵密。

Mellow：柔软如丝绒，带有甘甜。

Mellow：圆熟。优质葡萄酒经多年陈酿而获得的平顺品质，经常伴随着提取物丰富和甘油含量高而存在。

Metallic flavor：金属味。当一些葡萄酒被金属严重污染时，而带有的令人不快的风味。

Mousiness：鼠臭。令人联想起老鼠味的恶劣气味，是由于细菌侵染葡萄酒而造成的。

Musky：有麝香味的。

Musty taste：霉味。由于葡萄发霉或储存在发霉的酒桶中而使葡萄酒带有的不良风味。

N

Neutral：中性。缺少明确、显著的风味。

Nose：综合香味。葡萄酒中酒香和果香的统称。参见 Bouquet。

Nutty：果仁味。带有各种果仁的风味。

O

Oak：橡木制的。

Oaky：橡木桶味；烧烤、香草般的风味，参见 Woody。存酿葡萄酒的木桶多为橡木所制，较新的橡木桶会带给葡萄酒橡木味。过度的橡木味常发生于存酿多年的葡萄酒中。某些技巧高超的酿酒师会利用恰到好处的橡木味令葡萄酒的味道更复杂、层次更多。但过度的橡木味也会喧宾夺主。

P

Passed：过了新鲜期，过老的。

Pale rose：洋葱皮色。一些红葡萄酒在氧化过程中所产生的浅茶色。

Pale wine：淡色葡萄酒。颜色浅淡，近乎桃红葡萄酒色的红葡萄酒。

Pasty、Doughy：浆状的、糊状的。用于描述某些颜色非常浓郁，富含干提取物的葡萄酒。

Pharmaceutical taste：药味。当葡萄储存在有味的化学物质附近时，有时会带上的一种令人不快的杂味。

Pricked：尖刺感的。用于描述葡萄酒受醋酸菌侵害而变质。

Putrid：腐烂的。用于描述发出令人作呕的有机物质腐朽味的葡萄酒。

R

Rancio taste：哈味。某些葡萄酒在陈酿过程中，会由于被氧化而产生一种特殊的口感和气味。对葡萄牙的茶色波尔图酒及其他一些类型的加强葡萄酒而言，这种口感和气味是人们所期待的特征。

Refreshing：清爽，带有丰富可解渴的果酸，应趁年轻饮用的 Light wine。

Rich：口感浓郁、丰富。用于描述酒精、提取物和甘油含量高，酒体平衡极佳，口感平顺的葡萄酒。

Robust：结实、饱满、高酒精、浓郁均衡的酒。

Rough：粗糙。太酸，太涩，整体表现低劣的酒。

Round：圆润、调和、滑顺的葡萄酒。它通常是指由柔顺圆熟的葡萄酒所带来的品尝感受。这类葡萄酒不生硬且精妙灵巧。

Ruby：宝石红。一些葡萄酒所拥有的亮丽的红色，这类葡萄酒不带有棕色或紫色的色调。

S

Salty：咸的。一种基本的味道，主要来自矿物盐类。

Samtig：指酒的糖分和酸度均衡、恰到好处。

Schal：形容老化，而且已经走味的葡萄酒。

Sec：（法文）不甜，尤指含糖量在 3%~5%的香槟酒。

Semi-dry：微甜，带有甜味的。

Sensory evaluation：感官评价。通过视觉、嗅觉和味觉评价判断葡萄酒。

Simple：单调。指酒的口味不复杂。

Smoke taste：烟味、烟熏味。一些葡萄酒所具有的特殊味道。该味道通常有些粗糙，令人联想起烟尘。

Smoky：烟熏味。源自于土壤，或陈年用橡木桶的风味。

Soft：柔顺。酸度、单宁等不显著。

Sour-sweet、Sweet-sour：酸甜的、甜酸的。当甜葡萄酒中含有过量酸时的口感。有时是由于葡萄酒中存在甘露醇和由细菌产生的乳酸。

Spicy：辛辣。指带有强烈香料的气味和口味。如肉桂、丁香、香草、胡椒等。

Spiel：口味富有变化，层次多变，丰富质佳的酒。

Spoiled、Unsound：败坏的。用于描述表现破败和病害迹象的葡萄酒。

Stale：走味的、沉滞的。由于通风过度或受产膜酵母的侵染，葡萄酒变得缺乏香气及新鲜爽口感。

Subtle：精妙的。用于描述葡萄酒的香气细腻精雅的品尝术语。

Sulphur taste：硫味、二氧化硫味。当葡萄酒中含有超量的二氧化硫时所具有的气味。

Supple、smooth、soft：柔顺的、平滑的、柔软的。用于描述结构细腻圆润、适饮性好的优质葡萄酒。

T

Tannic：单宁。单宁含量高的，亦可说是涩味重的。单宁是组成红酒酒体结构的要素之一。它赋予葡萄酒口涩的感觉，但也起着天然保护剂的作用，并能帮助葡萄酒陈年。

Tart：酸的、尖酸的。用于描述以未完全成熟的果实酿制出的高酸度的葡萄酒。

Taste of lees：酒渣味。由于葡萄酒与酒渣的接触时间过长而带上的令人不快的味道。

Tastevin、Tasting cup：不透明品尝杯。侍酒师用于品尝葡萄酒的小而浅的酒杯，通常是银制的。

Tasting：品尝。通过味觉和嗅觉器官确定葡萄酒品质与风格的过程。

Tasting glasses：品尝杯、玻璃品尝杯。特殊形状的玻璃酒杯，使品尝者可以更好地欣赏葡萄酒的风味，专门用于品酒。

Tendre：柔顺、清淡、容易接受。

Thick：浓郁、醇厚。

Thin：单薄的。用于描述缺乏酒精含量、提取物、颜色和体量的葡萄酒。

Toasty：烧烤味。源自于橡木桶的气味。

Tuile：酒已逾颠峰，经氧化产生棕红色。

Turbid：浑浊的。用于描述存在大量的胶状物或悬浮颗粒而显得不澄清的葡萄酒。

U

Unbalanced：不平衡的。用于描述各种成分之间比例不协调的葡萄酒。

Unctuous：肥厚的、丰满的。用于描述口感平顺、柔和、饱满的葡萄酒。

V

Vanilla：香草味。它不是葡萄酒本身的味道，而是来自陈年用的橡木桶的味道。

Varietal flavor、Varietal character：品种风味、品种特征。特定葡萄品种所独有的风格或果香特征。

Velvety：天鹅绒般的。用于描述醇香、甘美、天鹅绒般柔和的优质葡萄酒。

Vinous：1.指葡萄酒品尝时仿佛具有非常高的酒精含量。2.用于描述红葡萄酒的基本风味和香气。

Vintage：年份、酿酒年份。生产葡萄酒的那一年。优异年份酿造的葡萄酒在标签上有对年份的标注。它是提高葡萄酒身价的一个原因。

Violet：紫罗兰。某些葡萄酒所具有的与紫罗兰香气类似的特殊果香。

W

Watery：水分多。缺少果味，低酒精含量与酸度。

Well-balanced：平衡良好的。用于描述葡萄酒中各种成分之间具有的协调关系。如酸、甜、酒精等有恰当的比例，不会因为某方面的缺乏或太突出，而破坏了和谐感。

Wine taster：品酒师、品酒员。品尝葡萄酒以确定或比较葡萄酒品质的人。

Woody：有杉木、香柏、甘草等木质味。橡木桶味过重，盖过果味。参见Baky。

Y

Young：年轻的、年轻即饮型的酒。通常是指用当年采收的葡萄所酿造出来的酒。虽然隔年喝时，还不至于变成老酒。但是，时间越久，新酒所强调的果香和清新口感会渐渐消失。一般情况下，新酒建议在出厂3个月内品尝，千万不要把新酒"陈年"，因为它们不耐久藏。